U0506543

本書承蒙

浙江師範大學出版基金（Publishing Foundation of Zhejiang Normal University）資助

浙江省高質量哲學社會科學重點研究基地江南文化研究中心資助

特此鳴謝！

〔清〕王韜 著

孫巧雲 點校

王韜曆學三種

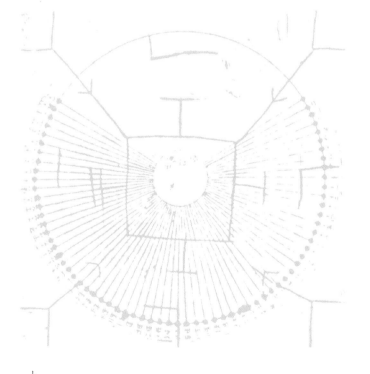

上海古籍出版社

圖書在版編目（CIP）數據

王韜曆學三種 ／（清）王韜著 ；孫巧雲點校.
上海 ：上海古籍出版社，2024.12. -- ISBN 978-7
-5732-1457-7

Ⅰ. P194.3

中國國家版本館CIP數據核字第2025JJ8680號

王韜曆學三種

〔清〕王韜　著

孫巧雲　點校

上海古籍出版社出版發行

（上海市閔行區號景路 159 弄 1-5 號 A 座 5F　郵政編碼 201101）

（1）網址：www.guji.com.cn

（2）E-mail：guji1@guji.com.cn

（3）易文網網址：www.ewen.co

山東韵杰文化科技有限公司印刷

開本 890×1240　1/32　印張 8.25　插頁 5　字數 165,000

2024 年 12 月第 1 版　2024 年 12 月第 1 次印刷

印數 1-1,100

ISBN 978-7-5732-1457-7

K.3779　定價：58.00 元

如有質量問題，請與承印公司聯繫

目　録

春秋朔閏至日考

上卷

前　言

　　王韜在春秋曆法方面的著述主要有《春秋日食辨正》《春秋朔閏至日考》《春秋朔至表》等三種，均收録於其所編著的《弢園經學輯存六種》中。其中，《春秋日食辨正》1卷，由12篇文章集結成書，主要涉及春秋日食總論、日食的推算方法、中西曆法推算春秋日食的差異等，文中的内容大多引自曆法名家的論述，尤以范景福、郭守敬爲多，並加以王韜自己的論斷。《春秋朔閏至日考》3卷，由"春秋曆雜考""春秋長曆考正"兩部分構成。"春秋曆雜考"含九篇考證春秋時期各國用曆差異的文章；"春秋長曆考正"以《春秋》所載魯國十二公爲綱，每公之下詳列每年的干支、月建及每月的朔日干支，每條之下引《經》《傳》用例，與《春秋朔至表》互爲表里。《春秋朔至表》1卷，以表格的形式排列了自魯隱公元年至魯哀公十七年，共245年的歲首月建與朔閏。

　　王韜的曆學著述大多撰寫於1867年至1870年之間，旅居蘇格蘭之時："時余方佐譯麟經，著有《春秋朔閏至日考》《春秋日食辨正》與之商榷。湛君見之，歎爲傳作，謂此可以定古曆之指歸，決千古之疑案，於春秋二百四十二年中之日月，了如指掌。余持論大旨謂：春秋時曆雖與今曆不同，然不由推步則無從知其失閏。必先以今準古，而後古術之疏乃見，失閏之故可明，此固異於杜元凱、顧震滄之徒以經傳干支排比者矣。

余推日食,有圖有說,而又以中西日月對勘,另爲一編,務欲熔西人之巧算,入大統之型模,而以實測得春秋之日月者也。"①"王韜對於春秋曆的研究及其著作,基本上改正了杜預以來各家春秋長曆的重大錯誤,排定了近於當時曆法真相的長曆,不但有一定的學術水準,並且在中國古曆研究上也可以説是劃時代的著作,因此,獲得了相當的國際聲譽。"②

王韜的曆學兼具中西之長,早年正統的私塾教育奠定他的曆學根基,在墨海書館與西方傳教士合作編輯《中西曆書》時,他又對中西曆法之間的差異進行了細致的研究。關於這方面的記載散見於他的各種作品中,如其在《弢園著述總目》中云:

> 天算之學,中國開其端,西國竟其緒。西國考第一次日食在周平王五十一年,較中國疇人家測算幽王時日食相距無幾時,可知其學必先由東而西。逮後曆法愈精,遂不能與西國爭衡。讀之可以討源溯流,而知其學之由來古矣。③

在《弢園日記》咸豐八年八月晦日(1858 年 10 月 6 日)中云:

> 中西曆法,俱以太陽所行之橢圓道爲準,朔望弦晦,

---

① 王韜《漫游隨録》,長沙:湖南人民出版社 1982 年,第 141—142 頁。
② 曾次亮《改編説明》,《春秋曆學三種》,北京:中華書局 1959 年,第 1 頁。
③ 王韜《弢園著述總目》,《弢園文録外編》,北京:中華書局 1959 年,第 389 頁。

西法推算亦密，但不似中法之必以初一、十六等日同。中法以太陰之朔望定月，而以地球繞太陽一周之日分爲二十四氣，每年氣朔相較，約多十一日强。故每十九年有閏七月，此歷來曆家不廢之法也。古法以平定立三差，推日月經度遲速，以定朔望。自崇禎時，另立新法，以橢圓動時動面積，以定日月遲速。本朝曆官亦準此以推，以古法多疏，而新法密也。若泰西近日曆法，亦與猶太古曆異。①

　　真正讓王韜開始專注於春秋曆學的研究則是緣於協助理雅各翻譯《中國經典》，在此過程中他著成《春秋日食辨正》《春秋朔閏至日考》等關於春秋曆法的研究專著。《春秋日食辨正》《春秋朔閏至日考》廣徵博引，援引之書多達 40 餘種，大體目錄羅列如下。

　　曆書類：《三統曆》《四分曆》《大衍曆》《授時曆》《貞享曆》；

　　傳疏類：《公羊傳》、《穀梁傳》、《左傳》、杜預《春秋左傳杜注》、徐發《經傳注疏辨正》、孔穎達《春秋左傳正義》、趙汸《春秋集傳屬辭》、王夫之《春秋稗疏》、萬斯大《學春秋隨筆》、江永《群經補義》、惠士奇《春秋説》；

　　春秋曆法推算類：杜預《春秋長曆》，梅定九《春秋以來冬至考》《曆算全書》，施彥士《推春秋日食法》《春秋經傳朔閏表發覆》，顧棟高《春秋大事表》，(英國)湛約翰《幽王以來日食表》，姚文田《春秋經傳朔閏表》，陳厚耀《春秋長曆》，范景福《莊十八年三月日食説》《古人用推步之法説》《推昭二十四年

---

① 《王韜日記》，北京：中華書局 1959 年，第 19 頁。

五月乙未朔日食》《春秋閏月在歲終解》《春秋上律表》,湯若望《古交食考》,宋慶雲《春秋朔閏日食考》,施彥士《春秋朔閏表發覆》《推春秋日食法》;

相關論述類:黄梨洲《南雷文約》、閻若璩《潛邱劄記》、萬希槐《困學紀聞集證》、劉焯《皇極曆》、顧炎武《日知録》、趙翼《陔餘叢考》等等,此外還引用了李光地、徐光啓、王應麟、賈逵、(日本)藤野正啓、沈彤等學者的相關曆學觀點。

《春秋》一書記載了自魯隱公元年(前 722)至魯哀公十四年(前 481)242 年間日食 36 次、月名 690 個、日名干支 389 個,歷代學者由此而推斷春秋時期的曆法制度,漢代劉歆"作三統曆譜,以説春秋",杜預著《春秋長曆》以推春秋朔、閏、日食,二者互有矛盾不通之處,姜岌《三紀甲子元曆》、郭守敬《授時曆》繼承前人但未有大的進展。

王韜認爲春秋正朔漸變,不同諸侯國所用曆法各異,晉用夏正,宋用商曆,衛用魯曆,《春秋》記載的正朔"魯文公以前建丑,文公以後,建子越來越占優勢"①,推算應"先以中西日月對勘,而據至日以定朔閏,然後二百四十二載之日月,鏖然以明"②。"《春秋》日食三十六。除兩比食外得三十四。此三十四食中,建丑者八,建子者二十一,建亥者五。故諸曆家必據周正以術上求,每多不合。蓋春秋之世曆學不明,周既東遷,王室寖衰,正朔不頒行於列國。列國各有史官,各自爲曆。於

---

① 席澤宗《古新星新表與科學史探索》,西安:陝西師範大學出版社 2002 年,第382 頁。
② 王韜《春秋中西日食考》,《春秋日食辨正》,光緒十五年(1889)"弢園經學輯存"本。

是朔閏多舛,三正錯出,甚而至於建亥。因之推算之法,蓋不能明。"①王韜參照英國湛約翰《周幽王以來日食表》考證出《春秋》記載的 36 次日食中有 32 次是準確的,僖公十五年、宣公十七年、襄公二十一年、襄公二十四年的日食記載不可靠。他繼承了徐發、江永、施彦士等人的曆法思想,同時又結合西方曆算方法,將春秋曆法的研究推進至更高階段。

舒大剛《儒學文獻通論》一書認爲,《春秋朔閏至日考》"大抵依陳厚耀《春秋長曆》的《曆編》部分,正其訛誤,補其疏略,更參用西洋的天文曆法,推考春秋時的朔閏至日。其於《春秋》242 年,先確定其冬至,再在此基礎上推定朔閏。該書雖偶有與經傳不合者,但總體考證精詳,於《春秋》曆法研究貢獻良多"②。王韜以西方曆算校驗中國傳統曆算,中西兼采,在春秋曆學研究領域走在了同時代學者的前列。

《春秋日食辨正》的現存版本有稿本、光緒十五年(1889)"弢園經學輯存"本,《春秋朔閏至日考》的現存版本有稿本、"弢園經學輯存"本,《春秋朔至表》的現存版本是"弢園經學輯存"本。稿本《春秋日食辨正》原題名爲"春秋日食考",與稿本《春秋朔閏至日考》一同藏於上海圖書館。"弢園經學輯存"本《春秋日食辨正》《春秋朔閏至日考》均由黃遵憲題簽,王韜校刊,葉耀元校字,淞隱廬活字版排印,"弢園經學輯存"本《春秋朔至表》則是由王韜題簽。這三種曆學著述,雖都經過王韜校刊,但仍存在多處疏漏,訛奪顛倒屢見。

---

① 王韜《春秋中西日食考》,《春秋日食辨正》,光緒十五年(1889)"弢園經學輯存"本。

② 舒大剛《儒學文獻通論》,福州:福建人民出版社 2012 年,第 1147 頁。

　　爲了方便讀者閱讀,今人曾次亮將《春秋日食辨正》《春秋朔閏至日考》《春秋朔至表》三種著述合編並點校,題名爲"春秋曆學三種",由中華書局於 1959 年出版,以下簡稱"曾本"。曾本對原書的内容與體例作了一些調整,糾正了一些原書行文中的錯誤,同時,"刪去其中我們認爲没有什麼價值和内容重複的部分","王韜這三種著作也存在著不少缺點。經我們研究,原書確是作者的未定稿,因此最大的缺點是有許多雜文或者内容相互重複,或者拉雜没結論",故而"對原書的先後次序、篇名和内容都作了較大的刪改"①。曾本對原書中出現的誤筆之處多有改正,對書中拉雜重複的内容進行了刪減,凝練了文字,但因此也模糊了書的原貌。

　　爲了保持王韜曆學著述的本來樣貌,本次點校整理這三種曆學著作均以光緒十五年王韜校刊的"弢園經學輯存"本爲底本,以相關稿本爲參校本,不改動原書的體例,不刪減原文,僅對於其中的疏漏訛誤之處作校勘整理。爲了突出王韜在中國古代曆學方面的成就,此次整理將這三種著作合編爲"王韜曆學三種"。

　　由於校點者學術水準與聞見都很有限,錯訛不當之處定當不免,尚祈讀者指正。

孫巧雲
2024 年 8 月 31 日

---

① 　王韜撰,曾次亮點校《春秋曆學三種》,北京:中華書局 1959 年,第 1—3 頁。

春秋日食辨正

春秋日食説

古來之言日食者，皆以休咎爲説，以勉其君之修德行政，而不沾沾于考驗。劉歆、賈逵皆漢之大儒，其于軌道所交朔望同術之理詎有不明？而以日食非常，闕而弗論。黃初已來，始課日蝕疎密，及張子信而益詳。劉焯、張胄元之徒，皆謂日月可以交率求。後曆官以《戊寅》《麟德術》推《春秋》日食，大最皆入食限，於數應蝕而《春秋》不書者尚多。特唐時所推日食，尚未能密合也。至元郭守敬，始用《授時曆》將《春秋》所書三十七事，一一爲之推校，而明其合否。合者詳其虧食時刻，不合者則爲之推求上下月日而移置之，於二頻食則據法以除之，載之《元史》，俾後來之言《春秋》日食者有所考證。論者皆稱其精核，顧猶未以西法深求之也。明泰西湯若望曾著《古交食考》[一]一書，謂"魯《春秋》用周曆"，但其時西法猶遜于今。今英國湛氏以新西法推算周以來日食，以西字列爲一表，特其表多用西國日月，余因據之以與春秋時月日相較。然不明冬至所在之日，則不知西國正月之所始。因又先推冬至在某月某日以爲準，作《中西日食考》。於是，《春秋》之日食始朗若眉

1

列矣。

顧自昔諸儒之言《春秋》日食者，其説不一。《穀梁》以《春秋》有書日不書朔，書月不書日朔者，因自創爲例，有食朔、食晦、食二日、食夜之説。上三説皆可通，食夜則於理爲乖。宋王應麟曰："《春秋》日食三十六，有甲乙者三十四。曆家推驗，精者不過二十六，唐一行得二十七，本朝衛朴得三十五。惟莊十八年，古今算不入食法。"不知當時衛朴宗何法以推算，而得合者有三十五之多。且其中尤可疑者，襄二十一年、二十四年，並兩書日食。如朴言，是二頻食亦入食限，必無是理也。二頻食之誤，古來曆家如姜岌、一行，皆言之鑿鑿，不必西法爲然。按西曆言日食之後越五月、越六月，皆能再食。是一年兩食者有之，比月頻食，理所絶無。且一年兩食，中國恐不能再見也。朴殆大言以欺人耶？據國朝閻若璩所推三十六日食，其時月誤者二十一。莊十八年、僖十二年，皆當五月朔食。文元年，當三月朔食。宣八年，當十月朔食。昭公七年，當九月朔食。有以後月作前月，不應閏而閏先時者，如隱三年、桓三年、十七年、莊二十五年、三十年是也。有以前月作後月，應閏不閏而後時者，宣十七年、成十七年、襄十五年、二十七年、昭十五年、定十二年是也。至僖十五年五月之交，宜在四月，然乃亥時月食，非日食也。其錯謬如此，蓋史失其官。閏餘乖次，從古未有過於春秋之世，其難信亦未有過於《春秋》之書者也。誠如閻氏之説，則《經》《傳》俱不足憑矣，詎非怪事！漢劉歆以《三統曆》推《春秋》日食不合，即襄公時二頻食。謂古書磨滅致有錯誤。然未有屢不符者，則其説亦未可通也。國朝王氏夫之謂"魯襄公時頻月日食者,由於誤視暈珥。"此雖曲爲之解,恐當時史官測驗之疎,未必如是其甚也。要之,夜食之謬則以李光地之説爲斷,比食之誤則以萬斯大之説爲斷,如是兩者俱可通矣。李氏之言曰:"日食書朔書日,朔日食也。書日不書朔,朔後食也。書朔不書日,朔前食也。不書朔不書日,陰雨食也。萬斯大以爲晦日食。蓋食晦則並非此月之日,故史不得書日也。是亦一解,實勝於李。陰雨食,則國都不見而他處見之,非靈臺所覩測,則未知其爲正朔歟,朔之前後歟,是以闕之也。愚按:春秋時日食乃由目覩,非憑測算。目見日食即書于策,不見即不書。春秋二百四十餘年中,豈止三十六日食耶?蓋據魯所得者而書之耳。陰雨之説,未可爲信。但取其辨夜食一條耳。若夫夜食之説,於理殊非。日食不占夜,猶月食不占晝。是以唐一行之作曆也,上溯往古,必使千有餘年日食必在晝,月食必在夜也。"萬氏之言曰:"襄時四年而再頻食,曆法所必無。此出一史官之記載。由其怠慢,食時失記,從後追憶,疑莫能定,遂兩存之。《春秋》因而不削,所謂疑以傳疑也。"李光地亦云:"襄時連月日食,非變也,舊史者異文。或曰'九月庚戌',或曰'十月庚戌',而夫子兩存之以闕疑耳。"其見亦與萬氏斯大同。因推求日食而彙聚諸家之説,以俟明者擇焉。

【校記】

[一]"《古交食考》"應作"《古今交食考》"。

隱公三年辛酉歲春王二月己巳日有食之考

中國二月朔日,西國二月十四日也。前年閏十二月初四日癸酉冬至。西儒湛氏曾推此年正月初一日，即西國正月十六日。然則冬至在正月前矣。

此入《春秋》第一次日食也。不書朔者，杜氏以爲史失之，是也。古來天算諸家推校此次日食，皆以爲當在三月己巳朔，則以是年癸酉冬至應在正月初四日，方合於建子之月也。後秦姜岌校《春秋》日食云：“是歲二月己亥朔，無己巳，似失一閏。三月己巳朔，去交分入食限。”《大衍》《授時》並同其說。今以西法推之，食在西國二月十四日，正當定朔，則杜說無譌。乃萬氏斯大獨據《公羊傳》“失之前者，朔在前也”之說，謂食在二日，故史官不得書朔。反譏杜說爲非，其亦過於泥《傳》矣。

按：杜預《長曆》謂“推考《經》《傳》，明此食是二月朔”，因於前年閏十二月。《大衍曆》亦閏十一月，使與《經》文二月朔日甲子相符。其說未嘗不是。而曆家以爲周正建子，冬至應在其月。至日，中氣也，推移只在子月內。前不得入亥月，後不得入丑月，寧違《經》而信曆。故《大衍曆》所推合朔及其置閏，每與《經》文日月差謬。蓋彼法自以三十二月閏率追算，不計與《經》文合否，是以所失恒多。《大衍曆》置閏之法亦不與今新法合，如隱二年閏十一月。今考隱公三年冬至在正月初四日癸酉，則閏當在八、九月，不得再後。是其術亦疎。閻氏若璩云：“《春秋》日食多誤，有以後月作前月，不應閏而閏先時者，隱公三年日食其一也。”閻說謂隱公三年置有閏月，故誤以建寅之月爲二月。然三年之閏，《經》《傳》無明文。若移日食之月爲三月，則冬至在三年正月初四日癸酉。前年法當閏八月。據杜預《長曆》，是前年失一閏,乃以建子之月補作閏十二月。一以就閏月之數,一以合《經》二月日食之文。其於《經》《傳》用心頗細,亦自有説。閤蓋未將《經》《傳》上下日月細推尋之耳。至於置閏之誤,令冬至不合仲冬中氣者,乃當時史官之失耳。況《經》文明書"二月",則冬至之在前年可知。後人不得以曆家常法,强爲更定。_{欲合冬至在子之法,應於是年閏正月,則無悖於《經》。然法應於前年閏八月,此年再不得置閏。不悖於《經》,則又悖於法矣。}故爲《春秋》之學者,當據《經》以定月,不當移月以背《經》。今余以癸酉冬至歸入前年閏十二月初四日,於諸家所説並不從之。蓋此乃曆家之常法,非詁經之達旨也。

又按:此年冬至,據《授時曆》法,當在庚午。《明史》以新法增損,當在辛未。今以西法推之,實在癸酉。蓋辛未爲平冬至,癸酉爲定冬至。平冬至恒先於定冬至一二日,至庚午則相距三日,不得合矣。可見《授時曆》法之疎,而其所創消長一法,實不足據。蓋其法考古於百年之際,頓加一分。自隱辛酉上距至元辛巳,計二千年,則加二十分。故於隱三年正月,得庚午日六刻爲天正冬至,隱四年壬戌歲正月,得乙亥日五十刻四十四分爲天正冬至。然計兩冬至相減,得相距三百六十五日四十四刻四十四分。是歲餘九分日之四,非四分日之一也。無怪其舛誤也,蓋郭守敬立法之謬,昔人早有譏之者矣。至於《春秋》冬至見於《傳》者二,一爲僖五年"正月辛亥朔日南至",一爲昭二十年"二月己丑朔日南至"。推以今法,皆非其日,且有不能强爲之合者。是則春秋時史失其官,曆法淆亂。其冬至之違失,有非常法所能推求者矣。因作《春秋中西日食考》,并論冬至,而著其說於此。若《元史·曆志》所推《春秋》日食三十七事,有足以正《春秋》之失者,今亦附於每條之下,願以折衷於當世明曆之君子,俾採擇焉。

隱公三年辛酉二月己巳日食考推算説

至元辛巳,上距魯隱公三年辛酉二千年。

中積:七十三億〇千四百八十九萬分。

冬至:六萬〇千六百分。

閏餘:二十九萬四千八百四十〇分四十一秒。

閏亥亥月,周十二月。月經朔:三十六萬五千七百五十九分五九秒。

子月周正月。朔:六萬一千〇百六十五分五十二秒。

丑月周二月。朔:三十五萬六千三百七十一分四十五秒。

寅月周三月。朔:五萬一千六百七十二分三十八秒。

閏十月亥。入交泛日:一十九萬七千〇百八十〇分三九秒。

寅月入交限:二十六萬六千六百三十一分四十六秒。

考辛酉前年,閏十月庚子朔,子月庚午朔,夏十一月,周正月。丑月己亥朔,夏十二月,周二月。寅月己巳朔,夏正月,周三月。徐發謂魯用夏正而失一閏,故以寅月當周正二月。寅月入正交食限，可依法推之矣。別有《春秋朔閏交食考》，茲不具載。

范景福莊十八年三月日食説

步《春秋》日食，黃氏南雷用西法，閻氏百詩用中法。中法自《太初》《三統》以後，代有改憲，惟《授時》集諸術之大成。西法自利瑪竇諸儒入中國，各有發明。惟《御製曆象考成》推闡精備，以之考《春秋》日食，二法小異而大同。前儒或專用中法，專用西法，未嘗推較。宣城梅氏論中西同異，亦言其理而不覈其數。沈存中《筆談》載："衛樸精於算術，《春秋》日食，樸得三十五。惟莊十八年三月日食，古今算皆不入食限。"黃南雷以西法推之，在夏二月，於周爲四月，謂是年二月有閏。故樸算不合。今以西法覈之，當在夏三月，於周爲五月。黃氏蓋偶誤其月，而算數不訛。

韜按：黎洲黃氏謂"是年二月有閏"，亦非也。是年正月十一日甲子冬至，置閏應在前一年。黃氏以爲二月有閏，至三月實會四十九日一十三時，合朔癸丑未初初刻，交周十一宮二十八度三四三七，正合食限。

以《授時》較之，入限亦在夏三月，於《經》文後二月。即置一閏，尚後一月，難以通矣。竊疑襄公時再失閏，當莊公之世，似已失一閏，故月數不符。

韜按：此説恐非。據《經》文則實差兩月，周正已爲夏正矣。當時史官即或疎謬，應不至是。《授時曆》謂“《經》文誤五爲三”，是也。各曆家皆據周正以推算，其實隱、桓至莊，率用商正。建丑之月爲多，故所推往往與《經》文日月不合。余所著《春秋朔閏日至考》，壬子日食實在三月之晦，兼以加時在酉。《穀梁》所謂“夜食”，《公羊》所謂“食晦”，皆近之。顧震滄云“趙東山所引《長曆》，係癸未朔”，非也。癸未係卯月朔，是歲三月交食，的是庚辰月壬子朔。《長曆》蓋未諳曆法交食限。又自莊十四年六月至本年交食，絶無甲子可據。故置閏失所，而朔日亦由此誤推爾。

迨襄公二十七年，頓置兩閏以應天正，其後始符乎曆數。

韜按：此説亦非也。今考襄公二十七年以前《經》文所書日食，其日月與所推西法吻合者，如莊二十六年十二月、文十五年六月、宣十年四月、成十六年六月、襄十四年二月、襄二十年十月、襄二十一年九月、襄二十三年二月、襄二十四年七月，無不密合。天正與曆數並無不符。即襄二十七年之日食，《經》書十二月，而《傳》以爲十一月，亦僅失一閏。左氏再失閏之説，本爲無據，而又謂辰在申，司曆之過。是則是年之十一月爲夏之七月，實當周之九月矣。合之《經》文所書十二月，已差三月，不止再失閏而已也。三月爲一時，當時史官曆法雖疎，不應舛謬至此。此或係左氏誤聽傳聞，而妄載之書，非其實也。杜氏

不明曆法，因左氏有再失閏之言，遂創爲頓置兩閏，逞其
臆談，殊駭聽聞。此即未通疇人家言者，亦知其非。乃范
君自稱明于推算，而亦爲此謬説，誠所不解。毋乃其所列
算數，非其所自推耶？不然，既能步日，未有不明置閏者。
豈反得乎其難，而轉昧乎其易也？施彥士曰：“《經》書十
二月，《傳》稱十一月，杜氏舍《經》而從《傳》似也。”然以曆
核之，是月辰實在戌。周誠改月，安得爲再失閏。徐氏圃
臣謂：“辰在申，再失閏，乃前二十一年九月之《傳》。”誠千
古卓識也。而周正之，不改月，於此益信。

是以昭公二十四年五月日食，閻百詩以《授時》推之遂合，
其數可稽。不然，豈《授時》不合于莊公之時，而獨合於昭公之
時乎？且古今異時，術宜修改。上推有先天後天之失，亦不過
數日數時。如莊公十八年日食，《穀梁傳》云“夜食也”，是爲帶
食，加時宜在卯。西法推之，在壬子戌初；中法推之，在壬子酉
初，於《經》文後七時。此僅求平朔交泛，毫釐差積，古今之勢
也。若向後一月，中西皆同。非失閏之説，無以通之。至黃南
雷推得癸丑未初，蓋密求定朔實交周，尚有實距時加減分。故
於平朔差十餘小時，而干支爲癸丑，與杜氏《長曆》四月朔合。
蓋《長曆》閏在上年歲終故也。

　　韜按：準以西法，即上年亦不宜有閏，其閏當置在莊
公十六年十月後方合。所著《春秋朔閏日至考》亦於十六
年歲終置閏，求合於《經》《傳》也。

此足見西法上推密於《授時》，而後編歲實，又與前編不同，亦似更有消長之法。徐文定公曰："鎔西人之巧算，入《大統》之型模。"惟本朝時憲之精確，足以當之矣。

范景福推莊十八年三月日食算數

距康熙甲子，積年，二千三百五十九年。

中積分：八十六萬一千六百〇六日三二〇三一二五。

通積分：八十六萬一千五百九十八日六六三九三七五七四。

冬至：一日三三六〇六二四二六。

紀日：二日。

積日：八十六萬一千六百〇六日。

通朔：八十六萬一千六百三十二日三八五二六六六。

積朔：二萬九千一百七十七。

首朔：十八日二七三三〇五六。

積朔交周：九十八萬九千七百六十一秒五七九五九，入宮度分秒收之，得九宮〇四度五十六分〇一秒三十四微。

首朔交周：入宮二十五度三十四分五十三秒四十〇微。

正月交周：九宮二十六度十五分〇七秒四十一微。

二月交周：十〇宮二十六度五十五分二十一秒四十二微，不入食限。

三月交周：十一宮二十七度三十五分三十五秒四十三微。較南雷黃氏所求，差一度。蓋實交周尚有加均數也。是月入

10

食限。

二月平朔：十九日三三四四九一六，命爲癸未辰初。若日食在二月，宜爲癸未朔，而非癸丑矣。

三月平朔：四十八日八三五〇八四六，命爲壬子戌初。黃氏求得癸丑未初，差十六小時。若密求實朔，當與之合。今祇朔中西二法日食同在三月，故用平朔交泛，而不必求定朔。

距至元辛巳，積年，一千九百五十六年。

中積分：七十一億四千四百十八萬〇四六四。

通積分：七十一億四千三百六十二萬九八六四。

冬至：五十七萬〇一三六。

閏餘：六萬二六四四五六。

經朔：五十萬〇七四九一四四。

經朔入交泛日：四萬二四四六一六。

十二月交泛：六萬五六二九八五。

正月交泛：八萬八八一三五四。

二月交泛：十一萬一九九七二三，不入限。

三月交泛：十三萬五一八〇九二，入食限。

三月經朔：四十八萬八八七一五一六，命爲壬子酉初。求定朔，尚有盈縮遲疾加減差。

范景福推昭公二十四年正月乙未朔日食

距至元辛巳，積年，一千七百九十八年。

11

中積分：六十五億六千七百〇九萬〇七一六。

通積分：六十五億六千六百五十四萬〇一一六。

天正冬至：四十五萬九八八四。

閏餘：十五萬四六〇五三四。

天正經朔：三十三萬五二七八六六。

三月經朔：三十一萬六五〇二三八。

天正入交泛日：十七萬一〇八四五八。

三月入交：三十六萬三八一九三四，入食限。與《四書釋地》同。夏之三月，於周爲五月。

天正縮曆：一百七十日〇一六〇七一六。

三月盈曆：一百〇五日六六一八三八。

三月盈末限：七十六日九五九四一二。

盈末積度：二度三一六三八八〇三九五。

天正疾曆：一千七百〇一分六六。

三月疾曆：八日一七四一三八。

三月疾末限：六十八限二七五五一六四。

疾末積度：五度二四一一三八五六四三。

益分：二分六八五二七五。

月行遲度：一度〇六九四。用末限推，故反爲疾。

積度較：二度九二四七五〇二六。

減差：二千二百四十三。

定朔：三十一日四十二刻，命爲乙未實正，較《四書釋地》多五刻。

宣公十七年六月癸卯日食誤書辨

《春秋》經文所書"宣十七年六月癸卯日有食之"，此史誤也。姜岌、《大衍》《授時》皆云"此年五月乙亥朔，入食限。六月甲辰朔，不應食"。

按：食當在五月，而朔又非癸卯。此等誤處，後世史家多有之。試檢《晉書·天文志》與《帝紀》，及《宋書·五行志》，言魏、晉兩朝日食，其月日參差者，非可數計矣。

泰西湛約翰云："以法推之，西國十月初五日入食限。但此次食中國不見，史所記誠誤。"特是年無日食，史官無緣誤書，當由錯簡之譌。蓋七年六月癸卯朔日有食之，非在十七年也。不知者因而誤增筆畫，改七年爲十七，遂入之於此年云。

今按：如湛氏所推，則宣十七年之日食，當是七年六月癸卯朔日食。誤七爲十七，此錯簡也。宣十七年日食，別著圖於後，此不載。

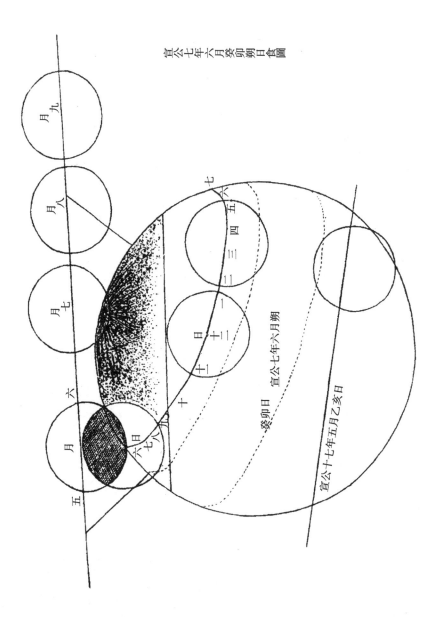

宣公七年六月癸卯朔日食圖

論兩比食

曆無比食之理。襄公二十一年、二十四年，皆兩月比食，或謂舊史官之誤。漢高帝、文帝時亦有之，皆史之誤。西人言相距五六月，一年兩次、三次日食者多有之，第爲中國所不見，如咸豐三年癸丑五月初一日日食，十一月初一日復日食。推算其初虧在子刻，食甚在丑刻，復圓在卯刻，即"食夜"、"帶食"之説也。咸豐十年庚申正月初一日金錢食，六月初一日日食，十二月初一日復金錢食，三次中國皆不見，而見於亞美利加洲及太平洋東。顧此猶相距月日較遠也。咸豐九年己未，予主修中西曆書，其中寅卯、申酉，俱兩月比食。依《癸卯元術》推之，僅正月望、二月朔，及七月朔、望入限。此蓋準西國新法也。然則春秋時襄公兩次比食，未可盡指爲史官之誤矣，故董江都謂比食又既。有人言有推比食法，然其法不傳，未可爲據。今如西術所推，竟有比食之理。余嘗質諸西士偉烈亞力，謂此[一]食即有之，中國一次見，一次必不再見。謂爲史誤，當無間然。

【校記】

［一］疑爲"比"之誤。

論襄公二十七年日食是十一月

襄公二十七年，《經》書“十二月乙亥朔，日食”，《傳》作“十一月乙亥朔”。《傳》文是，《經》文傳寫誤耳。此年七月，《經》有“辛巳”，則乙亥朔必是十一月矣。姜岌云：“十一月乙亥朔，交分入食限。”《大衍》同。《授時》云：“是歲十一月乙亥朔，加時在畫，入食限。”三家所推皆同。則是辰在戌，非在申也。而《左傳》云：“辰在申，司曆過也。再失閏矣。”此左氏之妄也。春秋時曆術不精，失一閏者固有之，如昭公二十年日南至在二月是也。然亦隨時追改，豈有再失閏而不覺者乎？如再失閏，則近此數十年間日食皆不能合。何以去之千百年，曆家猶能推算與《經》符合乎？

大抵左氏長於史，不長於曆。杜氏曲徇《傳》文，前去兩閏，此年冬頓置兩閏，皆非事實。十一月辰在戌，則明年春辰在子、丑，當大寒時無冰，故書。非因驟增兩閏，始得春無冰。曆家能推遠年之食，訂《春秋》之訛者，自姜岌始。杜氏雖作《長曆》，非知曆者也。

昭公十七年日食考

昭公十七年“夏六月甲戌朔，日食”。姜岌云：“六月乙巳朔，交分不叶，不應食。”《大衍》云：“當在九月朔，六月不應食。”《授時》云：“是歲九月甲戌朔。加時在畫，入食限。”江氏慎修曰："按三家所考,固得日食之月日矣。然《傳》有祝史請用幣,平子不從之事。太史云:日過分而未至。又云:當夏四月,謂之孟夏。則又確是六月,非九月。然則左氏謬言乎？非也。蓋前十五年有夏六月丁巳朔日食之事,祝史之請,太史之言,平子之不從,皆彼年之事。左氏不審,誤繫之於此年。而此年實以九月甲戌朔日食,時史誤書夏六月甲戌朔也。"

按:《左傳》本自單行,此經後人合併《經》文之時,或致錯誤耳。徐氏圃臣曰:"六月甲戌食。法得酉月合交限,乃十月之誤。《傳》文謂正陽之月,乃十五年六月之《傳》錯簡於此也。"施彦士云:"按以《傳》文爲錯簡,是矣。然謂是月辰在酉,非也。以辰在申而謂九月甲戌朔,亦非也。蓋十五年六月食,正月爲建亥之月,實先夏正三月。至本年月,止一閏,並未增置。何以忽先夏正二月而書申月爲九月哉？且甲戌誠九月朔,不得有丁卯、庚午；九月《傳》有'丁卯,晉荀吳帥師涉自棘津',是月之二十四日；又有'庚午,遂滅陸渾',是月之二十七日；則甲戌之在當時爲十月朔無疑矣。而是月辰在申,仍先夏正三月,亦無疑矣。"

春秋中西日食考

春秋日食三十六,除兩比食外,得三十四。此三十四年中建丑者八,建子者二十一,建亥者五。故諸曆家必據周正以術上求,每多不合。蓋春秋之世曆學不明,周既東遷,王室寖衰,正朔不頒行於列國。列國各有史官，各自爲曆，於是朔閏多舛，三正錯出，甚而至於建亥。因之推算之法，益不能明。王伯厚云：“《春秋》日食三十六，曆家推驗，精者不過得二十六，唐一行行得二十七，本朝衛樸得三十五。惟莊十八年三月，古今算不入食法。”嗚呼！樸之所謂推得者，不過大言欺人耳。其不能推得者，正坐不知《春秋》正朔漸變之故，實無足憑。善爲推算者，當以曆明《經》，而不必以《經》證曆。不綜計全《經》之日月，而深明其失閏所在，則無以定歷次之交食。郭守敬《授時曆》法頗稱詳密，而推算悉準周正，甯依曆而違《經》。今余所推，先以中西日月對勘，而據至日以定朔閏，然後二百四十二載之日月鼇然以明。凡衛樸所不能合，守敬所不能詳者，無不一一得之。因著《春秋中西日食考》。

隱公三年辛酉。平王五十一年，西七百二十年[一]。《經》：“春，王二月己巳，日有食之。”是年建丑。

無朔字。杜預云：“不書日，史官失之。”《公羊》云：“日食或言朔，或不言朔。或日，或不日。或失之前，或失之後。失之前者，朔在前也。失之後者，朔在後也。”《穀梁》云：“言日不言朔，食晦日也。”

> 韜按：是年據周正爲推算，正月初四日癸酉冬至。故西儒湛氏以庚午爲三年正月朔日，日食當在三月己巳朔，當西國二月十四日。《經》誤一月耳。日本《貞享曆》推得是歲三月己巳朔，加時在辰，入交限。魯減里差五刻，他皆倣此。

後秦姜岌校《春秋》日食云："是歲二月己亥朔，無己巳。似失一閏。三月己巳朔，去交分，入食限。"《大衍》同。雲間朱慶雲《春秋朔閏日食考》云："今以《三統》《四分》術推之，食限在夏正正月，於周爲三月。劉歆以爲正月二日者，指夏正言也。本朝新法入交亦在三月，洵乎非失閏之說無以通之。"

韜按：隱、桓之時，多用商正建丑。若以周正核《經》《傳》日月，往往不合。即如是年正月初四日癸酉冬至，乃在隱二年閏十二月，是年正月庚子朔也。徐圃臣曰："用夏正而失一閏，故以寅月爲二月。"又曰："三月庚戌。"

桓公三年壬申。桓王十一年，西七百零九年[二]。《經》："七月壬辰朔，日有食之，既。"是年建丑。

韜按：是年正月初六日辛未冬至，應推至八月壬辰朔日食，當西國七月初八日。湛氏表同。劉歆以爲"六月，趙與晉分"，此指夏正而言。姜岌謂："是歲七月癸亥朔，無壬辰，亦失閏。其八月壬辰朔，去交分，入食限。"《大衍》《授時》二曆並與之合。宋慶雲以《時憲》法推之，入限亦在六月。夏之六月，即周之八月也。杜元凱注："既，盡也。"惠氏半農曰："既者，有繼之詞，非盡也。新法謂之金錢食。日大月小，月不能盡掩日光。故全食之時，其中闕然，而光溢於外，狀若金錢。"按曆法食八分以上爲"既"。《元史·曆志》推是月壬辰朔，食六分一十四秒，不得爲"既"。徐圃臣推所食九分九二一一。恰是既外分。日本疇人安井算哲《貞享曆》云："推是歲八月壬辰朔,加時在申,食七分有奇。"皆與《經》脗合。徐圃臣曰:"凡刻分微異者,或建都南北不同,或異術算法不齊之故,或天象原有微末小差。"梅氏定九曰:"古人不知定朔,故日食或在晦、二日。後世曆法漸密,今更合中西之長,交食應時,虧復應候。雖有刻分微異,不得爲差。"

桓公十七年丙戌。周莊王二年,西六百九十五年[三]。《經》:"十月朔,日有食之。"是年建丑。

無甲子。左氏云:"不書日,官失之。"《穀梁傳》:"不言日,食二日。"劉歆以爲"楚、鄭分"。

　　韜按:是年正月初十日甲申冬至,應推至十一月庚午朔日食,當西國十月初三日。《大衍曆》推得在十一月,交分入食限,失閏也。趙東山引《長曆》"十月庚午朔日食",與今曆所推恰合。今推是歲十一月庚午朔,加時在酉,入食限。

莊公十八年乙巳。周惠王元年,西六百七十六年[四]。《經》:"春,王三月,日有食之。"是年建丑。

《穀梁》云:"不言日,不言朔,夜食也。"史推合朔在夜,明旦日食而出,出而解,是爲夜食。《公羊傳》以爲食晦。劉歆說同,以爲"魯、衛分"。

　　韜按:是年正月十一日甲子冬至,應推至五月壬子朔日食，當西國四月初七日。湛氏表在西國四月初六日，則先一日矣。黄梨洲推得是年三月，合朔癸丑，是日未初初刻交食限。《大衍曆》推得是歲五月朔，交分入食限。三月不應食。考是月平朔壬子，定朔癸丑。宋氏秋泉曰："予謹以《時憲法》推之，其月分與《三統》《四分》《授時》三術食限並同。至加時，中法在酉初，新法在戌正，癸卯元在亥正，與黄梨洲所推差十餘小時。蓋密求定朔實交周，尚有實距時加減分，是爲帶食，即《穀梁傳》所謂夜食也。"徐圉臣曰："按本月定朔在日入分後三百八十分，而《經》書日食，何也？以江氏最卑行推之，每年一分三秒，從莊十八年順數至至元辛巳前四年丁丑歲，最高衝與冬至同度之歲，中積一千九百五十三歲。以高衝行一分三秒分乘之，以六收之，此年高衝在冬至前三十四度一十四分三十九秒。用以減推定朔分八千二八二，餘七千七百七十五分，爲定朔分，在本日日入前一百二七分。縱有加時或晚，而清蒙氣映之，能升卑爲高，則猶得見初虧分也。"

莊公二十五年壬子。周惠王八年，西六百六十九年[五]。《經》："六月辛未朔，日有食之。"是年建丑。

杜註："辛未實七月朔。月錯。"劉歆以爲五月二日，魯、趙分"。

韜按：是年正月二十八日辛丑冬至，中間應閏五月。推至七月辛未朔日食，當西國五月二十日。湛氏表五月十八日。《大衍曆》推得七月辛未朔，交分入食限，失閏也,與《授時》《長曆》並同。劉歆謂是五月二日者,指夏正而言也。今推是歲七月辛未朔,食在申。徐圃臣曰:"自莊十八年至此,應有再閏,而《長曆》祇置一閏,又失本年閏正月,故差夏正二月。"

莊公二十六年癸丑。周惠王九年,西六百六十八年[六]。《經》:"十二月癸亥朔,日有食之。"是年建子。

　　韜按:是年正月初九日丙午冬至。推至十二月癸亥朔日食,當西國十一月初三日。是年日躔大火次之尾九度。周十二月平朔得壬戌。今《經》書癸亥者,實後一日。是月交周〇宮九度十九分六秒十九微,入食限,加時在未。劉歆以爲"十月二日,楚、鄭分",蓋據夏正而言也。徐圃臣云:"此實先夏正二月,周正無疑。殆變法實始此。"

莊公三十年丁巳。周惠王十三年,西六百六十四年[七]。《經》:"九月庚午朔,日有食之。"是年建丑。

　　韜按:是年正月二十三日丁卯冬至。推至十月庚午朔日食,當西國八月二十一日。蓋失閏也。中間應閏七月,旣已置閏,則《經》所書九月庚午,適合西國八月二十一日,實未嘗誤。而《授時》《大衍曆》俱推在十月,以《經》爲失閏。不知此年仍用商正,正月甲戌朔,適當建丑。丁卯冬至乃在前年十二月二十三日,實差一月。徐圃臣云:

“本月庚午食，法得酉月朔，又先夏正一月。”施彥士曰：
“按本年應閏六月，則本月實爲申月，而時曆失之，實先夏
正二月矣。劉歆以爲八月，周、秦分。《三統》《四分》皆推
得夏正八月食。八月交周〇宮十度五十分〇〇四十七
微，入食限，加時在申酉間。”

僖公五年丙寅。周惠王二十二年，西六百五十五年[八]。《經》：“九
月戊申朔，日有食之。”是年建子。

韜按：是年正月初四日甲寅冬至。九月戊申朔日食，
當西國八月十一日。按左氏以是年正月辛亥日南至，《三
統》《大衍》《授時》各曆皆以爲章首，似應仍照古法。但古
法多疎，而後之曆官多因左氏之失，強爲遷就，實未可據
也。今以《三統》術推之，得天正朔日辛亥，八月朔丁丑，
九月朔丁未，十月朔丙子，十一月朔丙午，十二月丙子。
以《四分》術推之，天正朔日壬子，八月朔戊寅，九月朔戊
申，十月朔丁丑，十一月丁未，十二月朔丙子。蓋依周曆
則朔至爲辛亥也。唐《大衍曆》云：“古率與近代密率相
校，二百年氣差一日，三百年朔差一日。推而上之，久益
先天；引而下之，久益後天。僖五年，周曆正月辛亥朔，餘
四分之一，南至。以歲差推之，月在牽牛初。殷曆則壬子
蔀首也。周曆、漢曆、唐曆皆以辛亥南至，魯曆則庚戌
也。”今以殷曆推之，正月壬子朔，校一日。蓋古術多用平
朔，若密求定朔，尚有距時加減分，當與之合。惟新法推
得南至乙卯，與古術差三四日，則以歲實互有消長故也。

九月戊申朔日食,劉歆以爲夏正七月,秦、晉分。今算七月平朔爲己酉。七月交周五宮二十五度十五分四十六秒二十五微,入食限。食在未。

僖公十二年癸酉。周襄王四年,西六百四十八年[九]。《經》:"三月庚午,日有食之。"是年建丑。

杜註:"不書朔。官失之。"

韜按:是年若以周正建子推算,則正月二十日辛卯冬至。三月並無日食,應推至五月庚午朔日食,當西國三月二十九日。姜岌云:"三月朔,交不應食,在誤條。其五月庚午朔,去交分,入食限。"《大衍曆》同。劉歆以三月,齊、衛分。周正之五月,實夏正之三月也。三月交周五宮二十度十四分四十八秒二十一微,入食限。加時在酉。

徐圃臣曰:"按僖五年九月交食,先夏正二月。至本年三月交食,忽仍夏正。"施彥士謂:"以《天元曆經閏表》推之,自僖五年九月至本年三月,其間應置二閏。而顧氏震滄《朔閏表》據《經》《傳》推之,實置四閏。杜氏《長曆》並同。然則前此再失閏者,至此而仍合夏正,乃曆法偶得其正也。先儒反指爲誤,是亦未嘗綜核前後以證之耳。"

韜謂是説亦殊不然,《元史·曆志》云"誤五爲三"者,乃據周正建子以言之也。其實是年仍用商正建丑,日食在四月庚午朔。《經》乃誤四爲三也。

僖公十五年丙子。周襄王七年,西六百四十五年[一〇]。《經》:“五月,日有食之。是年建丑。

左氏云:“不書朔與日,史官失之也。”劉歆以爲二月朔,齊、越分。

韜按:周正正月二十三日丁未冬至,中間應閏七月。閻百詩云:“此年五月之交宜在四月,然乃亥時月食,非日食也。”湛氏約翰云:“此年日食中國不見。西國六百四十五[一一]年正月二十八日,當僖公十五年二月甲申朔,即夏正正月朔旦也。其時中國並無日食。”日本疇人安井算哲所作《貞享曆》推得是歲三月甲申朔。帶食在卯。蓋《經》文誤三爲五也。夜食則中國並不能見。《大衍曆》《授時曆》均推是年四月癸丑朔,去交分,入食限,差一閏,是與湛氏說異矣。雲間宋氏推得是年夏正二月平朔癸丑,二月交周六宮十四度二十二分四十九秒三十一微,入食限。亦同古術。惟徐氏圃臣推爲卯月入交分,不合食限。再推前後月朔,去交食限益遠,不待言矣。施彥士謂:“《元史·曆志》:‘四月癸丑朔,交分入食限。’噫!愚所推較近,且不敢附會食限,而元人以爲入食限。吾誰欺,欺天乎?惟徐氏云:‘十五年五月日食,無甲子,且不合交限。或即此[一二]十二年之五月而誤出兩條。’其說近是。然推較《經》《傳》前後十二年三月,並非誤文。豈天象容有小差,先儒所謂不當食而食,洵有非曆術所馭者乎?姑誌之,俟考。”

文公元年乙未。_{周襄王二十六年,西六百二十六年}[一三]。《經》: "二月癸亥,日有食之。"是年建子。

杜註:"癸亥,月一日。不書朔,官失之。"劉歆以爲正月, 燕、越分。

輯按:是年正月二十三日丙戌冬至,中間應閏八月。 今推至三月癸亥朔日食,當西國正月二十七日。湛氏表 正月二十六日。姜岌云:"二月甲午朔,無癸亥。三月癸 亥朔,入食限。"《大衍曆》亦以爲然,蓋失閏也。徐氏亦以 爲合夏正而失一閏。今推得夏正正月,交周五宮二十一 度十七分二十七秒五十一微,入食限。正月平朔癸亥。

文公十五年己酉。_{周匡王元年,西六百十二年}[一四]。《經》:"六 月辛丑朔,日有食之。"是年建子。

劉歆以爲夏正四月二日,魯、衛分。

輯按:是年正月二十八日庚子冬至,中間應閏四月。 推至五月辛丑朔日食,當西國四月二十日。《經》書"六 月",蓋失閏也。此條與《元史》異。雲間宋氏推得夏正四 月食,四月交周五宮十九度十八分十八秒三十一微,入食 限。加時在卯、辰間。四月平朔辛丑。施彥士云:"按前 僖十二年三月交食,辰在辰,合夏正。至本年六月,中間 應置十四閏。而趙東山所引杜氏《長曆》止十一閏,是三 失閏矣。以辰月爲六月,宜哉!徐圖臣謂巳月合交限,蓋 未數本年閏月耳。微誤。"

宣公八年庚申。周定王六年,西六百一年^[一五]。《經》:"七月甲子,日有食之,既。"是年建子。

杜註:"月三十日,食。"劉歆以爲十月二日,楚、鄭分。

　　韜按:是年正月初一日丁酉冬至。《經》書"秋七月甲子",不書朔。杜預以爲七月甲子晦食。今以《長曆》考之,七月實爲乙未朔,與甲子相距甚遠。即如杜説,以法推之,八月之前亦無日食。是年日食應在十月甲子朔,當在西國九月十三日。湛氏表九月十二日,僅差一日。然則中西日月正相符合,此可據也。姜岌云:"十月甲子朔食。"《大衍曆》同。今推得夏正八月_{夏正八月,周正十月。}食。八月平朔甲子。八月交周五宮二十三度五十分一秒五十微,入食限。食九分,加時在申。徐氏圉臣云:"今推得置定朔小餘在午後,以時差分加之,得七千六百四〇分,爲食甚定分。置半晝分二千五百六三三二,加半日周,爲日入分。用減食甚定分,餘七十六分,以一四四歸之,得十分〇九秒,爲不見食甚定分。是爲帶食差。"施彥士曰:"按酉月經朔乙丑,定朔甲子。杜注月三十日食,則在申月矣。以申月爲七月,豈是時偶合夏正歟?然詳核前後交食,亦多定朔。《春秋》未嘗不書朔,此何得獨指爲晦?且自文十五年至此,以《經》《傳》較之,實多一閏。前以辰月爲六月,則此酉月當爲十月。蓋十誤作七也。徐氏亦同《元史》之説。但徐氏以爲法得戌月朔合交限,蓋未數本年閏月耳。此亦不可不知。"

宣公十年壬戌。周定王八年，西五百九十九年^[一六]。《經》：“四月丙辰，日有食之。”是年建子。

杜元凱注：“不書朔，官失之。”劉歆以爲夏正二月，魯、衛分。

韜按：是年正月二十二日戊申冬至。四月丙辰朔日食，當西國二月二十七日，湛氏表二月二十六日。今推得卯月入交分，合食限。當夏正二月食，二月平朔丙辰。二月交周〇宮五度五十五分十二秒三十一微，入食限。加時在巳。施彥士曰：“按自文十五年六月交食至本年四月，應置四閏，而杜氏《長曆》止三閏，則向之先夏正三月者應先四月矣。茲以卯月交食而書四月，實先夏正二月，是杜氏失置兩閏於其間也。”

宣公十七年己巳。周定王十五年，西五百九十二年^[一七]。《經》：“六月癸卯，日有食之。”是年建子。

杜元凱注：“不書朔，官失之。”劉歆以爲三月晦，魯、衛分。

韜按：是年正月初八日甲申冬至。湛氏云：“以法推之，西國十月初五日日食，當中國周正十一月辛未朔。但此次食中國不見。”姜岌云：“六月甲辰朔，不應食。”《大衍曆》云：“是年五月在交限。六月甲辰朔。交分已過食限。蓋誤。”《元史》郭守敬《授時曆》云：“今曆推之，是歲五月乙亥朔，入食限。六月甲辰朔。泛交二日，已過食限。《大衍》爲是。”日本《貞享曆》云：“今推是歲五月乙亥朔，入交限。然立[一八]分不叶。

今按:郭守敬雖以五月乙亥朔入食限,而不能明著所食分數交度,則是年並無日食,與湛氏説合矣。徐氏圃臣、宋氏秋泉,並以爲辰月入交分,合食限。蓋以《三統》《四分》新法推之,並在夏正三月入限。而劉歆以爲三月晦者,似差一月。並推得三月平朔乙亥。三月交周六宫四度五十五分三十六秒五十二微,入食限。

江氏慎修曰:"此史誤也。按食當在五月,而朔又非癸卯。此等誤處,後世史家多有之。試檢《晉書·天文志》與《帝紀》及《宋書·五行志》,言魏、晉兩朝日食,其日月參差者,非可數計矣。"施彥士云:推較《經》《傳》前後朔閏,是月實應先夏正二月。若以辰月爲六月,則差三月矣。且全《經》朔日一一若合符節,此獨不合,江氏謂史誤,無疑。"

韜按:是年並無日食,六月癸卯朔日食應在宣公七年,當周定王五年,西國六百一年。是日日月交會,辰在申。余别有圖説。當時史官原未誤書,特後世或有錯簡,誤入之十七年中。不知者遂改七爲十七,致有此謬爾。

成公十六年丙戌。周簡王十二年,西五百七十五年[一九]。《經》:"六月丙寅朔,日有食之。"是年建子。

劉歆以爲夏正四月二日,魯、衛分。蓋古曆推得天正朔日爲丁酉,四月朔日爲乙丑也。

韜按:是年正月十七日甲寅冬至。推至六月丙寅朔日食,當西國五月初二日,湛氏表五月初一日。是年西國二月有閏。日食當在巳月。今以《三統》《四分》《時憲》各法推之,並得夏正四月,入食限。四月平朔丙寅。四月交周五宫二十六度二十四分二十五秒五十四微,入食限,加時在申。

成公十七年丁亥。周簡王十三年,西五百七十四年[二〇]。《經》:"十二月丁巳朔,日有食之。"是年建子。

劉歆以爲夏正九月,周、楚分。

韜按:是年正月二十七日己未冬至。中間應閏五月,推至十一月丁巳朔日食,當西國十月十七日,湛氏表同。但推較中西月日,應在十月十六日爲是。

姜岌云:"十二月戊子朔,無丁巳,似失一閏。"《大衍曆》推于十一月丁巳朔,交分入食限。今推得天正朔日辛卯,九月平朔丁巳。九月交周〇宫八度二十八分四十七秒十微,入食限,加時在辰。日本《貞享曆》云:"諸曆皆爲十一月丁巳朔食,漢以來曆法皆然。是年閏者六月也。"

按是年應閏二月,而時曆置閏在歲終,故以戊月爲十二月。

襄公十四年壬寅。周靈王十三年,西五百五十九年[二一]。《經》:

"二月乙未朔，日有食之。"是年建子。

劉歆以爲前年夏正十二月二日，宋、燕分。

　　韜按：是年正月十三日丁丑冬至。推得二月乙未朔
　　日食，當西國正月初八日。《四分術》推得天正朔日甲子，
　　十二月朔甲午，冬至爲戊寅。首朔交周〇宮六度十九分
　　三十七秒十七微，入食限。加時在酉。

　　襄公十五年癸卯。周靈王十四年，西五百五十八年[二二]。《經》：
"八月丁巳，日有食之。"是年建子。

不書朔。劉歆以爲五月二日，魯、趙分。夏之五月，周之
七月也。

　　韜按：是年正月二十四日癸未冬至，中間並無閏月。
　　推至七月丁巳朔日食，當西國五月二十三日。按《經》文
　　書"秋八月丁巳日食"，杜注以八月無丁巳，日月必有誤。
　　不知準西法推算，正在七月朔。《經》文誤七爲八耳。

姜岌云："七月丁巳朔食，失閏也。"《大衍曆》所推同。徐
圃臣云："歲前應閏不閏。"施彥士云："按自上年丑月至本年午
月，本不應置閏，閏尚在午月後。安得云失閏？蓋七誤爲八。"

　　《三統》《四分術》俱推得夏正五月，平朔丁巳。五月
　　交周五宮十七度五十三分三十三秒五十六微，入食限，加
　　時在卯。

襄公二十年戊申。周靈王十九年,西五百五十三年^[二三]。《經》:
"十月丙辰朔,日有食之。"是年建子。

劉歆以爲夏正八月,秦、周分。

韜按:是年正月十九日己酉冬至,置閏應在十月後。
推至十月丙辰朔日食,當西國八月二十五日。《三統》《四
分術》推得天正朔日己丑,夏正八月朔乙卯,殷曆則爲丙
辰。夏正八月交周○宫一度二十八分三十九秒,入食限,
加時在酉。

襄公二十一年己酉。周靈王二十年,西五百五十二年^[二四]。
《經》:"九月庚戌朔,日有食之。"是年建亥。

劉歆以爲夏正七月,秦、周分。《三統》、《四分術》俱推得
申月入交分,合食限。惟申月定朔分大餘恰是庚戌,小餘減日
入分,但見初虧,有帶食而已。

韜按:是年正月朔旦甲寅冬至。推至九月庚戌朔日
食,當西國八月十三日。湛氏謂:"此年有閏,推算閏餘應
在三月。夏正七月交周○宫九度三十一分二十五秒,入
食限,加時在酉。是年朔旦甲寅冬至。時曆誤置於二月,
遂以建亥爲歲首。乃先夏正三月矣。

襄公二十一年己酉。"冬十月庚辰朔,日有食之。"

韜按:比月頻食,理所絕無。古來曆家如姜岌、一行
皆有此説。元郭守敬《授時曆》言:"襄公二十一年,歲在

己酉。中積六十六萬九千一百二十七日五十五刻。步至九月，定朔四十六日六十五刻，庚戌日申時合朔。交泛一十四日三十六刻，入食限。是也。步至冬十月庚辰朔，交泛一十六日六十七刻，已過交限，不食。"今推襄二十一年己酉九月朔，交周〇宮〇九度五一二八，入食限。十月朔，一宮一十度三一四二，不入食限矣。諸家之說爲合，春秋史官失之也。日本《貞享曆》云："今推連月不入交限，此天變也。"日本史官藤野正啓云："按以天保《壬寅曆》推之，九月交周在十一宮二十六度七十七分餘，在限內。十月朔，交周在初宮二十七度三十七分，已出限外。天變之說，若爲有他物以蔽之則可。日月之行豈可變耶？蓋亦史官之誤寫耳。"萬希槐《困學紀聞集證》引劉炫説云："漢末以來八百餘載，考其注記，都無頻月日食之事。計天道轉運，古今一也。但其字則變古爲篆，改篆爲隸，書則以縑代簡，以紙代縑。傳寫致誤，失其本真。"江氏慎修亦言，史誤雖漢高帝、文帝時亦有之，皆史之誤也。

襄公二十三年辛亥。周靈王二十二年，西五百五十年[二五]。《經》："二月癸酉朔，日有食之。"是年建子。

劉歆以爲前年夏正十二月二日，宋、燕分。

　　韜按：是年正月二十三日乙丑冬至，中間應閏九月。二月癸酉朔日食，當西國十二月三十日。推得月朔交周五宮二十度五十五分二十二秒五十三微，入食限，加時在巳。

襄公二十四年壬子。周靈王二十三年,西五百四十九年^[二六]。《經》:"七月甲子朔,日食,既。"是年建子。

劉歆以爲夏正五月,魯、趙分。

韜按:是年正月初四日庚午冬至。七月甲子朔日食,當西國六月十二日。推得夏正五月,交周一宮四度三十九分五十秒二十四微,入食限,加時在申。

襄公二十四年壬子。"八月癸巳朔,日有食之。"

韜按:是年有兩日食。今以法推之,襄二十四年壬子歲七月朔,交周〇宮〇三度一九三五,入食限。八月朔,交周一宮三度五九四九,不入食限。《漢志》董仲舒以爲比食,又既。《大衍曆》云:"不應頻食,在誤條。"元郭守敬以《授時曆》推之,立分不叶,不應食。《大衍》説是。此又史官之誤記也。

襄公二十七年乙卯。周靈王二十六年,西五百四十六年^[二七]。《經》:"十二月乙亥朔,日有食之。"是年建亥。

劉歆以爲夏正九月朔,周、楚分。左氏傳作周正"十一月乙亥朔",是也。蓋《經》文誤爾。

韜按:是年二月初七日丙戌冬至,當西國十月初七日。推得十一月乙亥朔日食。姜岌云:"十一月乙亥朔,交分入限,應食。"《大衍曆》所推亦合。又按:周十一月爲夏之九月,其建在戌。今以冬至推較月建,未嘗差誤。而左氏乃云辰在申，司曆之過。則較之《經》所書之十二月，且差三月矣，寧有是理。此蓋左氏聽傳聞之誤説，而遂筆之于書者也。徐圃臣云："此年《傳》文當在襄二十一年，此錯簡也。"《三統》《四分術》並推得夏正九月，交周六宮〇度二十九分七秒二十一微，入食限，加時在辰。是年丙戌冬至。時曆誤置於二月，遂以建亥爲歲首，實失一閏。

昭公七年丙寅。周景王十年，西五百三十五年[二八]。《經》："四月甲辰朔，日有食之。"是年建子。

劉歆以爲夏正二月，魯、衛分。

　　韜按：是年正月初八日癸未冬至。推得四月甲辰朔日食，當西國三月十一日。湛氏表同。士文伯曰：去衛地，如魯地。"杜元凱注："衛地，豕韋也。魯地，降婁也。日食於豕韋之末，及降婁之始乃息，故禍在衛大，在魯小也。周四月，今二月，故日在降婁。"《大衍》云："是歲二月甲辰朔，入常雨水後七日在奎十度。周度在降婁之始，則魯、衛之交也。自周初日躔至是，已退七度，故入雨水，七日方及降婁。"徐圃臣曰："是日入炁驚蟄末，驚蟄日在奎。"《三統》《四分術》並推得夏正二月。交周五宮二十六度五十九分二十二秒，入食限，加時在申。

昭公十五年甲戌。周景王十八年，西五百二十七年。《經》："六月丁巳朔，日有食之。"是年建亥。

劉歆以爲夏正三月，魯、衛分。

　　韜按：是年二月初七日乙丑冬至。推得商正六月丁巳朔日食，當西國四月十一日。《大衍曆》推得五月丁巳朔食，失一閏。則以周正建子言之也。按周以建子之月爲歲首，則冬至必當在正月，斷無遲至二月者。此年實爲建亥，故知前年實失一閏。昭十五年之正月，乃十四年之十二月也。史官之失，顯然可見。施彥士曰："按七年四月辰在卯，實先夏正二月。此更先三月者何？蓋七年至十五年應置三閏，以《經》《傳》所書甲乙推之，止置兩閏。杜氏《長曆》、顧氏《朔閏表》並同。蓋又失一閏矣。辰月之爲六月，宜哉！"

昭公十七年丙子。<small>周景王二十年，西五百二十五年。</small>《經》："六月甲戌朔，日有食之。"是年建亥。

　　按：是年正月晦丙子冬至，月建在亥，中間應置閏在四月後，然時曆並未有閏。《經》文所書六月甲戌朔日食，以法推之，此月並無日食。閻若璩以爲當在九月朔，是也。九月癸酉朔日食，當西國八月十四日。姜岌云："六月乙巳朔，交分不叶，不應食，當誤。"《大衍曆》云："當在九月朔，六月不應食。"姜氏説是也。此年以《經》書六月甲戌推之，前年又失一閏。且甲戌乃五月二十九日，非朔也。《春秋》日月，其誤謬如此。自漢以來，諸大儒推算《春秋》日食者，如董仲舒以爲宿在畢，晉國象也。劉歆以爲四月二日，晉、趙分。杜元凱註："正月，謂建巳，正陽之月也。於周爲六月，於夏爲四月。"皆以《傳》文生義，不知此章《傳》文當在前十五年六月丁巳朔日食之下，乃由錯簡之誤。後世明曆之士推在申月入交分，合食限。周之九月，實夏之七月也。然是年九月之《傳》，則有"丁卯，晉荀吳涉自棘津"，又有"庚午，遂滅陸渾"。若甲戌爲九月朔，無緣復有丁卯、庚午。與《傳》顯有不合，而與《經》書甲戌日食，亦有未符。蓋日食自在十月甲戌朔，月建在申。此年正月建亥，實先夏正三月，當時氣候乖錯如此，豈易推哉！昔人謂杜氏不諳曆法，所著《長曆》只就《經》《傳》遷就求合，未可爲據，故駁之者甚多。且漢末去古未遠，宋仲子以七曆參校《春秋》，已屬互有得失，不得悉合，矧在二千餘年之後乎？今以《三統》《四分術》核算，並推得天正朔日丁未，九月朔日甲戌。無閏則十月。交周五宮二十三度二十八分五十六秒五十一微，入食限。日本《貞享曆》今推是歲九月癸酉朔，入交限。《述曆》作九月晦。

昭公二十一年庚辰。周景王二十四年，西五百二十一年。《經》："七月壬午朔，日有食之。"是年建子。

劉歆以爲夏正五月二日，魯、趙分。

韜按：是年正月十四日丁酉冬至。推至七月壬午朔日食，當西國六月初三日。《三統》《四分術》並推得夏正五月，平朔壬午。交周五宮二十四度五十九分四十七秒二十微，入食限。按十七年六月至本年月應置一閏，以《經》《傳》甲乙推之，實置兩閏。故至此正月爲建子，而午月仍爲七月云。

昭公二十二年辛巳。周景王二十五年,西五百二十年。《經》:"十二月癸酉朔,日有食之。"是年建子。

杜元凱注:"此月有庚戌,當爲癸卯朔,書癸酉,誤。"劉歆以爲夏正十月,楚、鄭分。

韜按:是年正月二十四日冬至日在壬寅。推至十二月癸酉朔日食,當西國十一月十八日。中間置有閏月,應在六月後,而《傳》誤置於歲終。是《經》文不誤,而《傳》誤也。《傳》是年所記日月多與《經》不符,故杜元凱以癸酉爲癸卯,寧背《經》而從《傳》,且據此以作《長曆》,其謬可知矣。顧棟高《春秋大事表》云:"按是年杜注《經》誤者三。是時孔子年已三十二,事皆耳聞目見,不應連書三事皆誤。疑當時置閏本在四月後,《傳》誤置閏于歲終,遂與《經》異。《大衍》《授時》推日食俱在十二月癸酉朔,入食限。明是《傳》誤。又如《經》書'冬十月,王子猛卒',《傳》'十一月乙酉,王子猛卒'。《經》書'四月乙丑,天王崩。六月葬景王。王室亂。劉子、單子以王猛居於皇',《傳》'秋七月,以王如平峙,次于皇'。《經》《傳》每差一月,杜氏並云《經》誤。按是年當閏五月,而《經》閏六月,《傳》據《周史》閏十二月。故六月以前《經》《傳》相符,六月以後《經》《傳》互異。而反謂《經》誤,此釋《經》者之蔽也。"震滄顧氏又疑當時置閏本在四月。果爾,六月安得有丁巳,而《經》書葬王於是月哉?《三統》《四分術》推得夏正十月,平朔癸酉。十月交周〇宮七度四分二秒,入食限,加時在午。《述曆》以爲閏十二月朔,則以春秋曆法,置閏於歲終故也。

昭公二十四年癸未。周敬王二年，西五百十八年。《經》："五月乙未朔，日食。"是年建子。

劉歆以爲夏正三月，魯、趙分。

韜按：是年正月十六日壬子冬至。推至五月乙未朔日食，當西國四月初二日。湛氏表四月初一日，差一日。《三統》《四分術》俱推得夏正三月，平朔乙未。三月交周五宮十八度二十七分五十八秒四十微，入食限，加時在午。

昭公三十一年庚寅。周敬王九年，西五百十一年。《經》："十二月辛亥朔，日有食之。"是年建子。

董仲舒以爲宿在心。劉歆以爲夏正十月二日，宋、燕分。

韜按：是年正月初四日己丑冬至。推至十二月辛亥朔日食，當西國十一月初七日。《三統》《四分術》俱推得夏正十月，平朔辛亥。十月交周五宮二十一度二十九分四十七秒三十二微，入食限，加時在巳。

定公五年丙申。周敬王十五年，西五百零五年。《經》："三月辛亥朔，日有食之。"是年建子。

劉歆以爲夏正正月，燕、越分。

韜按：是年正月初九日庚申冬至。推至三月辛亥朔日食，當西國二月初十日。湛氏表同。《三統》《四分術》並推得夏正正月，平朔辛亥。正月交周〇宮六度四分五十二秒二十微，入食限，加時在申。

定公十二年癸卯。周敬王二十二年，西四百九十八年。《經》："十一月丙寅朔，日有食之。"是年建亥。

劉歆以爲十月二日，楚、鄭分。

　　韜按：是年正月二十七日丁酉冬至，中間有閏，應置在六月後。推得十月丙寅朔日食，當西國九月十五日。《經》書十一月，蓋失一閏也。或疑月誤，非也。施彥士曰："按此先夏正三月，正月實爲建亥。蓋本年應閏二月，而移置歲終也。"以《三統》《四分術》推之，並得夏正八月食，於周爲十月。平朔丙寅。交周〇宮八度六分四十一秒三十二微，入食限，加時在申。

定公十五年丙午。周敬王二十五年，西四百九十五年。《經》："八月庚辰朔，日有食之。"是年建子。

董仲舒以爲宿在柳。劉歆以爲夏正六月，晉、趙分。

　　韜按：是年正月朔旦癸丑冬至。推至八月庚辰朔日食，當西國七月十五日。《三統》《四分術》並推得夏正六月，平朔庚辰。六月交周〇宮一度三十四分四十八秒五十五微，入食限，加時在未。

以上《春秋》日食三十六事。以西法推之，合者僅十有六事，餘皆差謬。大抵閏餘失次，日月遂致乖違。古時曆法之疎，概可知矣。所推冬至薶凡三易。一次，宗元郭守敬《授時曆》，以隱公三年辛酉歲爲庚午冬至，次年壬戌歲爲乙亥冬至。

第二次，用新法增損，以隱公三年爲辛未冬至，推至僖公五年爲辛亥冬至。雖與左氏所載正月朔旦辛亥日南至相合，而與中西日食月、日一皆不符。因定隱三年爲癸酉冬至。蓋《春秋左氏傳》所記兩冬至，皆先天二三日，本難與今法强合也。

【校記】

［一］原文作“七百十九年”，今改正。

［二］原文作“七百零八年”，今改正。

［三］原文作“六百九十四年”，今改正。

［四］原文作“六百七十五年”，今改正。

［五］原文作“六百六十八年”，今改正。

［六］原文作“六百六十七年”，今改正。

［七］原文作“六百六十三年”，今改正。

［八］原文作“六百五十四年”，今改正。

［九］原文作“六百四十七年”，今改正。

［一〇］原文作“六百四十四年”，今改正。

［一一］原文作“六百四十四年”，今改正。

［一二］施彥士《推春秋日食法》作“此即”。

［一三］原文作“六百二十五年”，今改正。

［一四］原文作“六百十一年”，今改正。

［一五］原文作“六百年”，今改正。

［一六］原文作“五百九十八年”，今改正。

［一七］原文作“五百九十一年”，今改正。

［一八］“立”字原作“五”，今改正。

[一九]“五”原作“四”，今改正。

[二〇]“四”原作“三”，今改正。

[二一]原文作“五百五十八年”，今改正。

[二二]原文作“五百五十七年”，今改正。

[二三]原文作“五百五十二年”，今改正。

[二四]原文作“五百五十一年”，今改正。

[二五]原文作“五百四十九年”，今改正。

[二六]原文作“五百四十八年”，今改正。

[二七]原文作“五百四十五年”，今改正。

[二八]原文作“五百三十四年”，今改正。

附元史郭守敬以授時曆所推日食表

隱公三年，辛酉歲，三月己巳朔，加時在晝，去交分二十六日六千六百三十一分，入食限。《經》書“二月”，失一閏。

桓公三年，壬申歲，八月壬辰朔，加時在晝，食六分一十四秒。《經》書“七月”，失一閏。

桓公十七年，丙戌歲，十一月加時在晝，交分二十六日八千五百六十分，入食限。《經》書“十月”，失閏。

莊公十八年，乙巳歲，五月壬子朔，加時在晝，交分入食限。《經》誤“五”爲“三”。

莊公二十五年，壬子歲，七月辛未朔，加時在晝，交分二十七日四百八十九分，入食限。《經》書“六月”，失閏也。

莊公二十六年，癸丑歲，十二月癸亥朔，加時在晝，交分十四日三千五百五十一分，入食限。

莊公三十年，丁巳歲，十月庚午朔，加時在晝，去交分十四日四千六百九十六分，入食限。《經》書"九月"，失閏也。

僖公十二年，癸酉歲，五月庚午朔，加時在晝，去交分二十六日五千一百九十二分，入食限。《經》蓋誤"五"爲"三"。

僖公十五年，丙子歲，夏五月日食，推得是歲四月癸丑朔，去交分一日一千三百一十六分，入食限。《經》書"五月"，差一閏。

文公元年，乙未歲，三月癸亥朔，加時在晝，去交分三十六日五千九百十七分，入食限。《經》書"二月"，失閏也。

文公十五年，己酉歲，六月辛丑朔，加時在晝，交分二十六日四千四百七十三分，入食限。

宣公八年，庚申歲，十月甲子朔，加時在晝，食九分八十一秒。《經》蓋誤"十"爲"七"。

宣公十年，壬戌歲，四月丙辰朔，加時在晝，交分十四日九百六十八分，入食限。

宣公十七年，己巳歲，五月乙亥朔，入食限。湛氏推此年日食中國不見，五月亦不入食限。故郭氏不著明所食分秒，或以此故。

成公十六年，丙戌歲[一]，六月丙寅朔，加時在晝，去交分二十六日九千八百三十五分，入食限。

成公十七年，丁亥歲，十一月丁巳朔，加時在晝，交分十四日二千八百九十七分，入食限。《經》書"十二月"，似失一閏。

襄公十四年，壬寅歲，二月乙未朔，加時在晝，交分十四日一千三百九十三分，入食限。

襄公十五年,癸卯歲,七月丁巳朔,加時在晝,去交分二十六日三千三百九十四分,入食限。《經》書"八月",失閏。

襄公二十年,戊申歲,十月丙辰朔,加時在晝,交分十三日七千六百分,入食限。

襄公二十一年,己酉歲,九月庚戌朔,加時在晝,交分十四日三千六百八十二分,入食限。十月庚辰朔,已過交限,不應頻食。姜岌云:"比月而食。宜在誤條。"其説是也

襄公二十三年,辛亥歲,二月癸酉朔,加時在晝,交分二十六日五千七百三分,入食限。

襄公二十四年,壬子歲,七月甲子朔,加時在晝,日食九分六秒。八月癸巳朔,立分不叶,不應食,在誤條。

襄公二十七年,乙卯歲,十一月乙亥朔,加時在晝,交分初日八百二十五分,入食限。《經》書"十二月",誤。

昭公七年,丙寅歲,四月甲辰朔,加時在晝,交分二十七日二百九十八分,入食限。

昭公十五年,甲戌歲,五月丁巳朔,加時在晝,交分十三日九千五百六十七分,入食限。《經》書"六月",失一閏。

昭公十七年,丙子歲,九月甲戌朔,加時在晝,交分二十六日七千六百五十分,入食限。經書"六月",誤。

昭公二十一年,庚辰歲,七月壬午朔,加時在晝,交分二十六日八千七百九十四分,入食限。

昭公二十二年,辛巳歲,十二月癸酉朔,交分十四日一千八百,入食限。杜預以《長曆》推之,當爲癸卯。非是。

昭公二十四年,癸未歲,五月乙未朔,加時在晝,交分二十

六日三千八百三十九分，入食限。

昭公三十一年，庚寅歲，十二月辛亥朔，加時在晝，交分二十六日六千一百二十八分，入食限。

定公五年，丙申歲，三月辛亥朔，加時在晝，交分十四日三百三十四分，入食限。

定公十二年，癸卯歲，十月丙寅朔，加時在晝，交分十四日二千六百二十二分，入食限。經書"十一月"，蓋失一閏。

定公十五年，丙午歲，八月庚辰朔，加時在晝，交分十三日七千六百八十五分，入食限。

哀公十四年，庚申歲，五月庚申朔，加時在晝，交分二十六日九千二百一分，入食限。此條湛氏《日食表》所無。

右《春秋》所載三十有七事。以《授時曆》推之，惟襄公二十一年十月庚辰朔，及二十四年八月癸巳朔，不入食限。蓋自有曆以來，無比月而食之理。其三十五食，食皆在朔。中惟宣十七年六月癸卯朔日食，諸曆家皆以爲當在五月乙亥朔。然以西法推之。五月亦不入食限。另有圖說以明其理。考宣公七年六月癸卯朔，有日食。或史官載筆者因此而誤歟？否則錯簡也。《經》或不書日、不書朔，《公羊》《穀梁》以爲食晦、食夜，二者皆非。左氏以爲史官失之者得之。其間或差一月、二月者，蓋古曆疏闊，置閏失當之弊，姜岌、一行已有定說。孔子作書，但因時曆以書，非大義所關，故不必致詳也。

門人吳縣葉耀元子成校字。

【校記】

［一］"丙戌"原作"丙辰"，今改正。

附日食五表 <small>用順天經度</small>

中線經緯表	西經度	八八八七七三七八三七三　○ 一四四○二三五一三一五　○	東經度	五二三九七六 二四一二一三	分
		五三三三三三五八三八四九　五 八七六五四三二二一一		六四二○九 一二三三	度
	北緯度	五一六二九八四一八八八 一一一五五一五一四一	南緯度	九　　七四三五三四 五　　三三五一三一	分
		○○九七三九五九四八三 四四三三三二二一一		一　　六○三六七八 　　一一一一一	度
北切線經緯表	西經度	○九八九六一九 ○一四三一四一	東經度	五七九一五四四三七二五 一五三○四一一二二○○	分
		二六八七九二 ○六四二一 一		二五九三六一六一七三○ 一一二二三三四五	度
	北緯度	四六九七六一二　○四五二七九○一六九○ ○三○四五二四　四○二二二三三一二二○			分
		八七五○五○四　九五○六二八五三一○○ 七七七七六六五　四四四三三二二二二二			度
南切線經緯表	西經度	九九六五九四　四三三七二三四一　○六一六 二四二四二二　四五四一五二三四　○四三一	東經度	三二二九 一二三	分
		五四八一五九　三八四○五○三五 八七六六五四　四三三三二二一			度
	北緯度	三六五○二六 一○二○五一	南緯度	四○五二四七一六　○四九三 二一○四○四二○　五四三一	分
		七七六五二		四九四九五○六一　四七九一 一一二三三四　四四四五	度

			單位
日入初虧經緯表	東經度	七四二七八 ○○一一四　七九三七五○六九 四一一三五三二一	分
		○三五六六 五五五五五　六六五三○七三九 五五五五五四四三	度
	北緯度	○九六一○ 五三○二四	分
		九八五○三 一一一一	度
	南緯度	九三七四四一二七 一一三二四四五○	分
		三一○九八五九一 一一二二三四四五	度
日出復圓經緯表	西經度	四六○五二二二四二三七七五 三三三四二○二一五二三○五	分
		五九三六九一二三三四四四一 八八八八九○○○○○○○ 一一一一一一一	度
	北緯度	九四七五八三四四八四五四四 一三四四○五一○五三一四五	分
		七八二九九七七五一八三六七 一一二二四五六六七七七	度

47

春秋朔閏至日考

上卷

魯隱公元年正月朔日考

隱公元年春正月朔日，說者多不同。杜預《長曆》以辛巳爲朔，蓋據下《傳》文"五月辛丑，太叔出奔共。十月庚申，改葬惠公"而逆爲排比也。古曆以庚戌爲朔，則據二年《經》書"八月庚辰"之文而順相推校也。顧合於《經》者不合於《傳》，未免說有所窮。《大衍曆》以辛亥爲朔，亦僅合於《經》。陳厚耀《春秋長曆》定以庚辰爲朔。四說不同，而皆各有所據。

今以三年二月己巳日食考之，曆算家多以爲在三月。以周正建子，正月朔日例在冬至前也。然則是年正月初五日癸酉冬至，二年正月二十三日戊辰冬至，其年法當閏九月。元年癸亥冬至應在正月十二三日，朔日當在辛亥、壬子間。《大衍曆》蓋依算法推之耳。此外，如顧棟高之《朔閏表》，亦以辛巳爲朔，蓋從杜預說也。然杜預《長曆》惟以干支遞排，而以閏月小建爲之遷就。其術本疏，前人已有譏之者矣。顧氏《朔閏表》即宗杜預《長曆》之法，其校正杜之闕失處固當，而有時依違杜說未能定準，若其不明曆法則一也。

陳厚燿之言曰："杜預《長曆》以隱元年正月爲辛巳朔，乃古曆所推之上年十二月朔。杜預謂元年之前失一閏，以《經》《傳》干支排次知之。如預之説元年至七年中，書日者雖多不失，而與二年八月之庚辰、三年十二月之庚戌、四年二月之戊申，又不能合，且隱三年二月己巳日食、桓三年七月壬辰朔日食，亦皆失之。蓋隱元年以前非失一閏，乃多一閏。因定隱公元年正月爲庚辰朔，較杜預《長曆》甲子實退兩月。"然余於陳説，亦未敢以爲信也。

程氏公説曰："自《三統》至《欽天曆》，正月朔或辛亥，或庚戌、壬子，視《大衍曆》先後只差一日。然以《傳》文五月辛丑、十月庚申考之，則正月非辛亥，故杜預遷就以辛巳爲朔。若從辛巳，則冬至不在正月。意者差閏只在今年，而杜氏考之不詳爾。"按：即如程説，冬至在元年正月朔日之前，而此年亦不得有閏。

劉原父謂："左氏月日多與《經》不同，蓋左氏雜取史策之文，其用三正參差不一，故與《經》多歧。"趙雲崧曰："是時列國各自用曆，不遵周正。如隱三年夏四月，鄭祭足帥師取温之麥，秋又取成周之禾。若係周正，則麥禾俱未熟，取之何用？是鄭用夏正也。隱六年，宋人取長葛。《經》書冬，而《傳》書秋。蓋宋本用殷正，建酉之月，周之冬即宋之秋，是宋用殷正也。桓七年，穀伯綏來朝，鄧侯吾離來朝。《經》書夏，而《傳》書春，是二國不用春正月也。僖五年，晉侯殺其世子申生。《經》書春，而《傳》在上年之十二月。十年，里克弒其君卓。《經》書正月，而《傳》在上年十一月。十五年，晉侯及秦伯戰於韓，獲晉侯。《經》書十一月，《傳》書九月，是晉不用周正也。
文十年，齊公子商人弑其君舍。《經》書九月，《傳》作七月，是
齊不用周正也。"

蓋邱明采取諸國之書，其間雜用三正，不歸一例，非如
《經》之皆行周正爲一，遵時王之制也。故求合《經》而復合於
《傳》，必有所窒礙難通矣。然則《春秋》經、傳豈易讀哉！顧氏
棟高號爲深於左氏之學者，其於正月朔日以辛巳爲是，亦只據
《傳》文耳。且謂《大衍曆》所推與《經》《傳》每先後一月，古法
疎，不得以今曆爲準，是欲從《傳》而廢曆矣，其可乎？顧諸家
所説當各有理在，未敢臆決，謹以折衷於君子。

春秋置閏説

古者曆法以每歲氣朔盈虛之餘日積而爲閏，三歲一閏，五
歲再閏，十有九歲七閏，則氣朔分齊，是爲一章。在昔虞廷之
命義和曰："以閏月定四時成歲"，則春秋前測量之術已明。

梅氏定九謂"恒氣注數"，節氣日數平分者，古法謂之恒氣。其是
否固不可知，然置閏必兼用定朔、定氣乃始精密。蓋閏以無中
氣之月爲的，而必合算定朔、定氣，視其無中氣之月置閏，於此
乃爲真閏。若只用定朔不用定氣，則所謂無中氣之月，未必果
無中氣也。

古法置閏疎謬，而莫甚於春秋之世，其日月錯亂亦莫甚於
春秋之世。乃從來諸曆家欲以後時之法測春秋，是以多與春
秋不合。或謂古法以無中氣之月爲閏，一歲皆可置閏，錢氏大

昕、梁氏玉繩之説也。錢所據者杜預注、孔穎達疏也，謂杜、孔皆言有餘日則積而成閏，不言置閏在十二月也。以餘日總致之歲末者，惟秦曆法爲然，所書後九月是也。《春秋》經、傳所載九閏月，除襄九年[一]閏月依杜預當作"門五日"外，其餘八閏如成十七年、昭二十二年則在十二月，文六年、僖七年、哀五年十五年皆在冬時，而不言何時。文元年閏三月，《傳》譏其非禮者，據劉歆以爲是歲閏餘十三，閏當在十一月後而在三月，故《傳》曰非禮。杜預以爲曆法閏當在僖公末年，誤於今年置閏，蓋時達曆者所譏則此年之閏。《漢志》謂失之前，杜氏謂失之後，皆譏置閏不當，其時非以當在歲終而譏之也。

昭二十年閏月，《傳》文上有八月，下有十月，孔穎達以爲閏在八月後，此兩閏不在歲終，《傳》有明文。春秋魯曆雖不正，如以應在歲終者移之，或春或秋，恐亦無是事也。秦漢所書後九月，自是秦曆，蓋誤以置閏歲末傅會歸餘於終之文，師古所注甚明，後人乃謂古法閏在歲終，失之甚矣。梁氏大抵亦宗錢説，而疑周之三月爲夏之正月，不得有閏，《傳》所以示譏。又謂古法不應如是，明未改用西法之前，亦有閏正月，則用恒氣定閏，不論何月可置閏也。

或謂周時積氣朔餘日以置閏在四季月，引《周禮疏》閏月各於其時之門爲證，此沈氏彤之説也。其言曰：凡作事必順時序，每時季月則畢所未作者不至過時，故曰歸餘於終則事不悖，若閏在歲末則過時而悖者有矣。并謂《經》《傳》所書閏月皆不得其月，惟昭二十年閏八月於夏時適爲閏六月，此偶合耳。

　　或謂春秋亦是隨時置閏，特其時曆法錯亂，正不必拘於常曆法閏後之月中氣在朔也，此顧棟高之説也。棟高嘗以《經》《傳》日月甲子排比次第，而知《傳》文所言閏月在中間者多。所著《十二公朔閏表》，即用其説。

　　或謂春秋曆法閏在歲終，故但曰閏月而不曰閏某月，此顧氏炎武、萬氏斯大之説也。

　　顧之言曰："古人以閏爲歲之餘，凡置閏必在十二月之後。考《經》文之書閏月者，皆在歲末，是以《經》《傳》之文凡閏不言其月，言閏即歲之終可知也。文公元年，魯改曆法，置閏在三月，故爲非禮。《漢書·律曆志》云'魯曆不正，以閏餘一之歲爲蔀首'，是也。"

　　萬之言曰："春秋時曆法尚疏，不問中氣有無，皆於歲終置閏。見於《經》者文六年、哀五年也，見於《傳》者僖之八年、成之十有七年、襄之九年、昭之二十有二年、哀之二十有四年也。又襄二十八年，《經》書'十二月甲寅，天王崩'，隨書'乙未，楚子卒'。甲寅距乙未四十二日，知是歲終有閏也。昭元年，《傳》十二月已記晉烝事，下更有甲辰朔，知是歲終之閏朔也。獨文元年《傳》云：'於是閏三月，非禮也'，閏在三月即爲非禮，則閏在歲終爲禮可知。又昭二十年，《傳》八月後有閏，以是年二月己丑朔日南至，至不當入二月，知此年正月乃前年歲終之閏，二月乃正月也。曆官知失，因遂妄置。故執後世曆法以推春秋月日者，法雖工，如不合何。"

　　諸家之言置閏者，其説不同如此，今更參之以梅氏文鼎、江氏永兩家之説而折衷之。梅氏之言曰："閏月之義大旨不出兩端：其一謂無中氣爲閏月，此據左氏舉正於中爲説，乃術家之談也；其一謂古閏月俱在歲終，此據左氏歸餘於終爲論，乃經學家之詁也。古今曆法原自不同，推步之理踵事加密，故自今日而言曆法，則以無中氣置閏爲安；而論春秋時之閏月，則以歸餘之説爲長。何則？治《春秋》者，當主《經》文。今考本《經》書閏月俱在年終，此其據矣。”

江氏之言曰：“案左氏之意本謂閏月當在歲終，今文公元年閏三月爲非禮，此左氏習見當時置閏常在歲終，故爲此言。本非確論，亦可見古法未有中氣節氣如後世之詳密，不能定其當閏何月，故不得已總歸之歲末。秦人以十月爲歲首，閏月則爲後九月，漢初猶仍其失，太初以後始改之。左氏歸餘于終之言信矣。”信如此也，則杜預《長曆》、僧一行《大衍曆》、顧棟高《朔閏表》，所置閏月俱與《經》《傳》不合矣。杜之《長曆》已佚，僅散見于《春秋正義》中約百餘條。按：杜氏《春秋釋例》從《永樂大典》輯出，已有專書。《大衍曆》所校春秋日月，元趙汸據之以與《長曆》相比較，並多不合。杜氏作《長曆》推勘《經》《傳》上下日月中間置閏以通之，但文元年三月閏、二年正月閏，距十月而再閏，毋乃數乎？十二年十一月閏、十六年五月閏，距四十三月而再閏，毋乃疏乎？是其置閏疏密之不同，雖曲從《經》《傳》，毋乃不合於天行？顧棟高《朔閏表》所差殊多，曾試以冬至推校之，則僖公三十三年以前致差兩閏，隱、桓、閔、僖冬至多在亥月，文、宣之時間至丑月，甚有在戌月之杪、寅月之前者，其爲置閏之錯謬可知。

蓋其弊在但知以《經》《傳》干支排次，委曲遷就，而全不計定朔、定氣、中氣、節氣，故有此大舛。兼以《經》《傳》有曠數年不書日者，前後屢見之排比者，旣無所據，又不求諸曆法，是以其失如此。

春秋自隱迄哀，通計二百四十四年，常曆當有九十閏，而《朔閏表》凡八十九閏，且謂疏密不同。其自謂前後皆依據左氏，《經》《傳》用心詳審，故以日月、甲子、晦朔、日食、冬至數事考求《經》《傳》，而《春秋》不可讀矣。因作《春秋置閏說》，質諸大雅，以證指歸。

【校記】

［一］原作“襄二十九年”，今改正。

僖公五年丙寅歲正月辛亥朔日南至

嗚呼！余觀於春秋時朔閏、冬至、日食數事，而知其爲大亂之世也。當時史失厥官，曆算疏舛。而于虞廷所言以閏月定四時之法，違之遠矣。魯曆官推步多于法不合，閏餘乖次，日月參差，日食或不在朔。所以考求日至者，無論不如後世之精密，其先後往往違失，甚有參差至二三日者，以爲常事。是年“正月辛亥朔，日南至”，左氏據以詳載於《傳》。自來曆家皆謂至朔同至之年。《大衍術》謂“以周法推之，入壬子蔀第四章，以辛亥一分合朔冬至。殷法則壬子蔀首也”。

夫古人之辨論春秋時冬至者，始於漢劉歆之《三統曆》，而詳於元郭守敬之《授時曆》，皆以辛亥爲朔旦冬至，無異辭。今以西法推之，殆非也。此年平冬至在乙卯日巳時，定冬至在甲寅。即使是時小輪均數大，能使定氣移前一日半，亦不過癸丑日之夜刻耳。

江永據《曆象考成》，康熙甲子天正冬至，上距僖公丙寅二千三百三十八年，中積八十五萬三千九百三十六日五小時三十七分三十秒。轉減氣應餘五十一日十小時七分四十一秒，平冬至乙卯巳正初刻八分。又從元至元辛巳前四年丁丑高衝與冬至同度，上距此年一千九百三十一年，約四百年行七[一]度，則此年高衝在冬至前一宮三度四十八分，於今法當加均一度八分。變時一日三小時三十六分。減平冬至，猶是甲寅日卯時。再約計是時小輪併徑加大，其加均或能至一度二三十分之間，變時一日十餘小時。以減平冬至，則定冬至亦止癸丑日亥子之間而已，必不能減至辛亥，則是時所推冬至先天兩三日矣。又算此月平朔、定朔皆在壬子，而當時誤推辛亥亦先天一日。實考之，此年正月壬子朔，二日癸丑冬至耳。至、朔何嘗同日哉？

曆家過信左氏，意謂此年特載日南至，必當時實測。故唐僧一行謂："僖公登臺以望而書雲物，出於表暑天驗，非時史億度。"夫《傳》言書雲，未嘗言測景，此則一行之蔽也。因此據以作曆，務求與古無悖，乃多增斗分以就之。如唐開元《大衍曆》推辛亥亥正三刻，唐《宣明曆》推辛亥申正初刻，宋《統天曆》推辛亥寅正三刻，元《授時曆》推辛亥寅初二刻，此皆泥於此至之過也。宋崇寧《紀元曆》推得壬子戌正一刻，金重修《大明曆》推得壬子亥初二刻，與辛亥差一日。蓋知斗分不可過增，寧失此至,不求强合,猶爲近之。若《統天》創爲距差、躔差之法,巧合此至,而《授時》遂暗用之,有百年長一之率。

《授時》之法以歲餘長十九分乘距算一千九百三十五,加於中積,得辛亥日寅初二刻。是以總長分數乘距算,而非積漸而長。此無法之法,最爲乖謬。梅氏定九爲國朝算法名家,初亦以消長之法爲可信,則以推《春秋》之日南至有可考據也,後乃漸疑其非。

夫《授時》消長之分,以百年爲限,其法未嘗不可用,而必以乘距算,其數驟變,殊覺不倫,且年愈遠則失愈甚。推至春秋時一千九百年,則歲餘二十四刻四十四分。若一千九百零一年,歲餘增一分,此一分乘距算一千九百零一,前一歲忽增至一十九刻有奇,則歲實有三百六十五日四十三刻有奇。欲求其不誤,得乎?

至於以是年朔日爲壬子者,則有《春秋緯‧命律序》[二],而隋張賓、張胄元、唐僧一行皆從之。張胄元并謂三日甲寅冬至,既不從《傳》,亦不從《命律序》。雖甲寅在春秋時或稍後天,而其識亦卓矣哉。《大衍術》亦云:“魯法南至,又先周法四分日之三,而朔後九百四十分日之五十一。故僖公五年正月辛亥爲四年十二月晦,壬子爲正月朔。”是隋唐之時已知推其不然矣,何至後來而反昧之耶?要之,此年之正月朔日南至,當以實法考求,決其爲步算之誤。不可先執成見,舍法以從《傳》也。

【校記】

[一]“七”,原文作“一”,今據江永《數學》卷四“春秋以來

冬至考”改。

　　[二]“命律序”當作“命曆序”。

魯昭公二十年乙卯歲正月己丑朔旦冬至

　　此年冬至，古史本有二説。《唐書·志·大衍術》“中氣議”曰：“昭公二十年二月己丑朔日南至，魯史失閏。左氏記之，以懲司天之罪。周法得己丑二分，殷法得庚寅一分。殷法南至常在十月晦，則中氣後天也。”中氣始於冬至。稽其實，取諸晷景，然古時未有以之測冬至也。故其法恒疎。唐一行謂：“僖公時登臺以望而書雲物，乃用表晷天驗。”其實不然。《傳》言書雲，未嘗言測景也。此年若依西法推算，平冬至在壬辰，定冬至在辛卯，不能減至己丑也。以是知春秋時推步冬至，多先天二三日也。近之疇人家皆謂漢以前之冬至非實測，先後天或至二三日，斯言允矣。

　　大抵古法四年而增一日，其法甚疎。雖古斗分宜多，而約至數十年即當後天一日。乃自周迄漢久而後覺，何哉？蓋春秋之時失之先天，積數百年，以有餘之歲實，盈其所先天之數，乃適得其平。迨乎周、秦之後，猶執四分之術，漸失之後天。故後漢末劉洪始覺其差而減斗分，東晉虞喜始立歲差法，後秦姜岌始知以日蝕衝檢日宿度所在。大明時祖沖之始詳於測景，以冬至前後二十餘日之景比對取中而定冬至，然後冬至日躔漸得其實，而猶不能盡合也。測驗冬至，如是其難也。況乎春秋時史官算法最疎，置閏或疎或密，其步冬至之違天，固無足怪。獨怪諸曆家因先入《傳》説，必欲違法以遷就。

劉歆《三統術》始以四分之法逆推，非由實測紀之信史，不足爲據。若《左傳》所紀兩冬至尤不足信，何則由當時之術誤也，乃曆者曲法以求合，斯亦謬矣。今諸家所推者，如《大衍》得己丑巳正三刻，宣明得己丑寅正三刻，與左氏合。《紀元》得庚寅卯正初刻，重修《大明》得庚寅辰初初刻，是後一日矣。其有合有不合者，由其斗分有多少故也。《統天》得戊子亥正三刻，《授時》得戊子戌初三刻。則先天愈甚。

江永曾推此年上距僖公五年一百三十三年，平冬至二十八日十五小時一十一分二十六秒，壬辰日申初初刻十一分，約計加均及小輪徑差，減時不過一日八、九小時，定冬至不過辛卯日卯辰之間而已。而《傳》載“己丑”，實先天二三日也。且魯曆前年失閏，此年日南至在二月。夫周以子月爲正月，冬至必無在二月者。當時梓愼輩徒知望氛祥、占禍福，於時日之易明者猶不能正，何能實測冬至，與天脗合乎？

梅氏定九云：“《元史》自春秋獻公以來，用六術推算冬至，凡四十九事。《授時》合者三十九，不合者十事。至昭公二十年己卯歲正月己丑朔旦冬至，《授時》推得戊子，先一日。若曲變其法以從之，則獻公、僖公皆不合矣。以是知《春秋》所書冬至，乃日度失行之驗一也。”

江永獨闢其謬曰：“《授時術》推昭二十年冬至，以十八乘距算一千八百零二，則不得己丑而得戊子日戌初三刻，失之愈遠也。同一《左氏傳》也，何以丙寅之冬至則合，己卯之冬至則違？彼自矜其用活法推算，若是則活法亦有時而窮矣。由今觀之,違者固非,合者亦未盡是。乃彼猶不悟其幸合之非真,而以其不合者諉之於失行,此大惑也。并以此載之史册,貽笑後人,紕繆極矣。故不得不詳辨之,以爲鑿知者鑒。"江氏之説可謂明辨晰矣。秦氏蕙田云:"曆家推算違合,乃算術有疎密耳。天行安得有差乎?"郭氏此説,正如杜預解《左傳》不以爲《傳》誤而以爲《經》誤者同病矣。

文公元年無閏三月説

古曆皆用平朔,謂日月皆平行,故朔日或失之先,或失之後,日食有不在朔者。文元年"二月癸亥,日有食之",姜岌、《大衍》《授時》皆推是三月癸亥朔,入食限。《經》"二月癸亥",不言朔,蓋誤以癸亥爲二月晦,而以甲子爲三月朔也。三月甲子朔,則四月宜有丁巳,故《經》書"四月丁巳,葬僖公"。是年本無閏三月,左氏以爲日食必在朔。二月爲癸亥朔,則四月無丁巳,意其間必有閏月,故憑空發傳云:"於是閏三月,非禮也"。又云"先王之正時也,履端於始,舉正於中,歸餘於終"。所謂履端於始者,歲必始於日南至也。舉正於中者,三代各有正朔,以正朔爲正月也。歸餘於終者,置閏或三年,或二年,常置於歲終也。今置於三月,故云非禮。不知是年本無閏三月,其閏在僖之三十三年,即《經》書"乙巳,公薨於小寢","隕霜不殺草,李、梅實"之月也。

此四月有辛巳,八月有戊子,故閏十二月有乙巳。其不言閏月者,略之。猶襄二十八年《經》書"十二月甲寅,天王崩",

“乙未，楚子昭卒”。甲寅至乙未四十二日，亦是不言閏月也。閏月在歲終，則閏必是閏十二月。凡《經》《傳》言閏月者，上文無十二月。若已言十二月，則不復言閏月，似是史體省文之常。今按江説，置閏月於襄二十八歲終以合《經》，是矣。然於二十九年，《傳》之二月癸卯，《經》之五月庚午，又不得合，則將奈何？《春秋》經傳之日月，誠有不可以曆理推求者也。僖公薨於三十三年閏十二月乙巳，至文公元年夏四月丁巳葬，正是五月而葬，非緩也。至文二年二月始作主，故《經》書之，而《傳》云“葬僖公，緩作主，非禮也”，謂其緩於作主爲非禮。而杜注乃讀緩字爲句，謂七月而葬爲緩，誤矣。公薨乙巳，實閏十二月也。而杜云：“乙巳，十一月十二日。《經》書十二月，誤。”不知《經》省“閏月”兩字耳，非十二月誤也。閏十二月是夏正亥、子之間，而霜猶不能殺草，且李梅實焉。是時燠反常也。而杜云“周十一月，今九月。霜當微而重，重而不能殺草”，又誤矣。皆由左氏憑空發傳之誤，而杜注遂由誤生誤者數端。古今未有正其失者，則曆法何可不知乎。

周不頒朔列國之曆各異説

周既東遷，王室微弱，天子未必頒曆，列國自爲推步，故《經》《傳》日月常有參差。

如昭二十二年“劉子、單子以王猛居于皇”，《經》書“六月”，而《傳》在“秋七月”。“戊寅，劉子、單子以王猛入于王城。”《經》書“秋”，而《傳》在“冬”。“十月丁巳，王子猛卒。”《經》書“冬十月”，而《傳》在“十一月乙酉”。《經》書“十二月癸酉朔，日食"，而《傳》此年末有閏。明年辛丑正月爲壬寅朔，則《經》之"十二月癸酉朔日食"，即《傳》之閏月，是周曆、魯曆置閏有不同矣。哀十五年，"衛世子蒯聵自戚入于衛"，《傳》在此年末之閏月，而《經》書十六年"正月己卯"，是衛曆、魯曆不同矣。魯曆正月有己卯，推之是二十九日。故"夏四月己丑，孔子卒"，推之是四月十日。衛曆閏在十五年之末，則十六年四月無己丑矣。

蓋月朔有不同也。置閏或在歲終，或不在歲終，有不同也。雖其間未必無史誤，而杜注或以爲《傳》誤，或以爲《經》誤，皆不足信也。倘皆自王朝頒曆，何至有參差哉！

晉用夏正考

閻百詩云："晉用夏正。"余謂觀全《經》所書晉事，往往與《傳》差兩月。有《經》書"冬"而《傳》紀之以"春"者；有《傳》言"九月"而《經》書"十一月"者；亦有《經》《傳》相同者。蓋《經》用周正，《傳》則雜采列國之史。晉用夏正，而《傳》仍其舊也；其《經》《傳》相同，則《傳》追而正之也。

僖四年《傳》："太子奔新城。十二月戊申，縊。"《經》書於明年春，杜以爲從告，其實非也。《經》從周正，而《傳》從夏正也。

僖五年《傳》："八月甲午，晉侯圍上陽。"卜偃所引童謠皆據夏正而言。"冬十二月丙子朔，晉滅虢"，則正當夏正九月、十月之交也。《傳》蓋據周曆追而正之也。

僖九年《經》："甲子,晉侯佹諸卒",不書月。《傳》："九月,晉獻公卒。"或謂《經》繫於"九月戊辰,諸侯盟於葵邱"之後,則爲九月無疑。惟甲子爲九月十一日,戊辰十五日,杜元凱謂"書在盟後,從赴"。然宰孔既盟而歸,尚遇晉侯,則斷非卒在盟前可知矣。蓋夏之九月,周之十一月也。觀下文"里克殺公子卓於朝",《傳》紀於"十一月",而《經》書於"春",則以夏之十一月乃周之正月也。《經》文自明。

僖十五年經："十有一月壬戌,晉侯及秦伯戰於韓。獲晉侯。"《傳》則繫之於九月。事在前而書於後者,杜以爲從赴,實則秦、晉皆用夏正,杜注誤爾。當秦伯伐晉,卜,徒父筮之吉,曰:"歲云秋矣。我落其實而取其材,所以克也"。落實取材,正季秋所有事。已而,果九月獲晉侯於韓。占者之言驗矣。閻云:"大抵《春秋》之《經》爲聖人所筆削,純用周正,《傳》則旁采諸國之史而爲之,故其間有雜以夏正而不能盡革者,讀者猶可以其意得之也。故《傳》之九月,即《經》之十一月;《傳》之十一月,即《經》之明年正月。晉侯之歸不見於《經》,蓋《經》例從告則書,夷吾之歸不告,猶重耳之入不告,《經》固不得而書也。《經》不書而《傳》記之,不列於明年而繫於去年之末者,此亦《傳》例也。《傳》固有先《經》以始事,後《經》以終義者,如記韓原之戰,則追叙晉侯之入,紀晉侯之獲,並叙及晉侯之歸,皆是也。只此一傳,而《春秋》之傳可類推矣。"

文二年《經》:"三月乙巳,及晉處父盟。"《傳》:"四月己巳,晉人使陽處父盟公。"杜注:"《經》《傳》日月不同,必有誤。"姚氏文田疑《經》之三月或係夏正,處父先使而後盟,則盟當在五月乙巳矣。

文十一年，"三月甲子朔，晉絳縣老人生於此歲"。襄三十年，"臣生之歲，正月甲子朔"。周之三月，夏之正月也。此晉用夏正之一證。

成十八年《傳》："庚午，盟而入。辛巳，朝於武宮。"亦當是夏正。夏之正月，乃周之三月。下文"甲申晦"，乃三月晦也。《傳》牽連書之，並失書月耳。二月乙酉朔，晉悼公即位於朝，乃周正四月也，《傳》未及追改耳。

襄十年《經》："五月甲午，遂滅偪陽。"按以《傳》文"水潦將降"之言，似係夏正六月。《傳》固用晉曆，而《經》亦未改正也。

襄十八年："十月丙寅晦，齊師夜遁。"姚氏謂晉用夏正，此十月乃魯十二月。下"丁卯朔"，則明年正月朔也。

襄十九年《傳》："二月甲寅，卒[一]，而視，不可含。"夏之二月，周之四月也。

昭元年："十二月，晉既烝。趙孟適南陽，將會孟子餘[二]。甲辰朔，烝於溫。"是明年正月朔也。"庚戌卒"，是明年正月七日也。晉用夏正，夏之正月，乃周之十二月也。

推核全《經》甲子而證之以《傳》，所紀之時月互異，其用夏正也顯矣。他如宋用商曆、衛用殷曆，皆與周、魯之曆不同，亦不可不知也。

【校記】

[一]"卒"字脱，今據《左傳》補。

[二]原文作"趙孟將適南陽，享孟子餘"，現據《左傳》改正。

《經》文四時不具説

考《禮記・中庸》注曰："述天時,謂編年,四時具也。"正義云:"《春秋》四時皆具。桓四年及七年不書'秋七月'、'冬十月',成十年不書'冬十月',桓十七年直云'五月'不云'夏',昭十年直云'十二月'不云'冬',如此不具者,賈服之義:若登臺而不視朔,則書時不書月。若視朔而不登臺,則書月不書時。若雖無事,視朔、登臺,則空書時月。若杜元凱之意,凡時月不具者,皆史闕文。其《公羊》《穀梁》之義各爲曲説。今略而不取。"

由正義考之,桓四年、七年皆無"秋七月"、"冬十月",成十年無"冬十月",桓十七年五月無"夏"字,昭十年十二月無"冬"字。然尚有失引者,定十四年"城莒父及霄"之上無"冬"字。何休以爲貶絶,范甯則云未詳,杜氏以爲闕文,其説頗長。蓋上古書以竹簡而貫之以繩,年湮代遠,保無有簡斷、編殘、剥蝕、漫漶,而多所闕失也哉。賈服之意當云:"雖無事,既不視朔,又不登臺,則不書時月也。"十六字當補於《中庸》所引《春秋》正義賈服説之下。正爲桓、成不書"秋七月"、"冬十月"發凡起例也。

今本《左氏春秋經》成公十年有"冬十月",自唐石經已然,《公羊》唐石經亦有之,《穀梁》唐石經已泐,不可知。然據正義則成十年左氏經無"冬十月",孔沖遠當時所見本如此。唐石經乃妄增三字,故凡有者皆謬也。今一切宋元以下本皆誤,而宋槧官本及明時注疏刊本皆無,古本之流傳其有足貴也。

如此更考是年《經》:"秋七月,公如晉。"何休云:"如晉者,冬也。去'冬'者,惡成公","當絕之",則據《公羊》本下文無"冬十月"可知矣。其不云去"冬十月",而但云去"冬"者,知公如晉在冬,而不定冬何月也。《左》《公》《穀》三傳經文似當一例,特爲之說如此。

閏月不必定在歲終

説春秋者謂閏月常在歲終。而昭二十年《傳》"閏月戊辰,殺宣姜",乃是閏八月。似春秋之季,曆家漸改其法,閏不必在歲終。如昭二十二年"劉子、單子以王猛居於皇",《經》在六月,而《傳》在七月。以後皆差一月。似魯曆閏六月也。然則閏月不必定在歲終,亦可明矣。

余嘗以《春秋》經傳日月互相推校,而知隨時可以置閏也。昭元年《經》書"六月丁巳,邾子華卒",下又書"十一月己酉,楚子麇卒"。六月有丁巳,則十一月不得有己酉,中間應置一閏。二十八年《經》書"夏四月丙戌,鄭伯甯卒",下又書"秋七月癸巳,滕子甯卒"。四月、七月相距僅一百十餘日,四月有丙戌,七月安得有癸巳耶?似中間應置一閏。凡若此者,不可枚舉。是則春秋置閏不必定在歲終,此其明據。

故杜預《長曆》、唐《大衍曆》、陳厚耀《長曆》、顧震滄《朔閏表》、姚文田《春秋經傳朔閏表》,俱隨時置閏,而不定於歲終。

姚氏文田云:"曆法以分至爲主,必使常居四正之月,然後歲序不愆，故氣有盈，朔有虛，則置閏月以齊之。《堯典》專舉四仲，其定法也。春秋時日官失職，曆法久壞，前後參錯，時有不同。自宣公初年連失兩閏，後此屢補屢失，以至襄公之末凡五十餘年置閏歲終。想當時魯之史官立法若此，故凡《經》《傳》閏月皆在是年之末，又不言明閏某月[一]。然於古法實不合。哀公十三年“十有二月螽”，《傳》又引夫子之言以正其失，由其定法全乖，遂至疏數無常，其夏、商正閏法必有不同。”

范氏景福云：“置閏之法古今有二：一在歲終，一以無中氣之月爲閏。《周禮》‘太史正歲年以序事’注云：‘中數曰歲，朔數曰年。’蓋自歲前天正冬至，至歲終天正冬至，曆分至啓閉匝二十四氣者，謂之歲。自歲前天正經朔，至歲終天正經朔，歷晦、朔、弦、望匝十二月者，謂之年。中數恒盈，朔數恒虛，而閏餘生矣。虞廷命羲和以閏月定時成歲，初不言在歲終也。至春秋時《經》《傳》所紀閏月，雖似在冬者多，然二百四十二年中見於《經》《傳》者不過七閏月。而文元年閏三月、昭二十年閏八月，原未嘗定入之於歲終。惟文元年閏三月，《傳》特發歸餘於終之義。杜注云：‘有餘日歸之於終，積而成閏。’孔疏云：‘月朔與月節，每月剩一日有餘。歸之於終，積成一月置閏。’皆不言歸於何時。”

竊嘗尋索《經》《傳》之文置閏不在歲終者，似不可以僂指數，特當時周、魯諸國算術失傳，無從稽覈。曆家曾以授時法消長上推春秋以來冬至，其得恒多。近世歐羅巴術只有閏日，而無閏月。《時憲》鎔西算入中法，仍以無中氣月置閏。《律書淵源》前編歲實小餘一八七五，後編歲實小餘三三四四二〇一四五,似有消長。倘得其較數,上推春秋交食置閏當更密合矣。

或云:古閏以斗指兩辰之間爲定,其語見《逸周書・周月篇》,乃周初人自記當時象法。蓋周初南至始昏斗柄適建子,故曰有中氣,斗必於其月指一辰之中。其節氣或在前月,或在後月,斗必於其月指兩辰之間。閏無中氣,而但有節氣,故亦指兩辰間也。斗建之用《逸周書》固有明文,以法推之,其惟西周之季然乎? 此又一説也。

【校記】

[一]原文作“每月”,今據姚文田《春秋經傳朔閏表》改正。

春秋時重歲星多用推步之法

古以歲星紀年,以干支紀日。歲星與太歲恒相應。歲星右轉,太歲左行。太歲之前二辰爲太陰,亦爲歲陰。歲陰左行在寅,歲星右轉居丑。丑爲星紀。歲星居丑,則太歲在子。自太歲超辰之法亡,而歲星亦不可以紀歲,疇人子弟但據六十甲子逆推往古而已。漢儒去古未遠,猶得備聞其緒論,如服氏之注《左傳》,鄭氏之注《周官》,於古法猶有紀及之者,孔沖遠雖不明其術,然於《詩》正義以武王伐紂爲歲在辛未,於《春秋》正義十二公之首必云是歲歲在某次,則先儒相承之古法未盡沒也。

知歲星,即知太歲所在。武王伐紂歲在鶉火,至平王四十九年,凡四百年,中超三辰。歲在豕韋,太歲在甲寅,與隱公元年己未距差五年。古之言太歲者,必與歲星相應。西漢以前皆然,至東漢後始以干配支,六十年一轉,不復知古有超辰之法。但據六十甲子逆推往古,雖於積年無異,而於五緯之昭昭共見者,與紀年渺不相涉矣。

《春秋》內外傳多言歲星所在,武王克殷歲在鶉火,至魯僖公五年積算四百六十八,歲星當超三辰,越鶉火、鶉尾、壽星,而在大火。是歲重耳奔狄,故董因云君之行也,歲在大火是也。自此至昭公三十二年,積算百四十五,歲星超析木,至星紀。《傳》云:"越得歲,而吳伐之。"鄭康成謂歲星在牽牛是也。歲星既超辰,則太歲不得不從之而超,所謂歲星常應太歲以見。由此言之,超辰之法古矣。

春秋時精於推步之士,散見於列國,恒以測望占驗以幸其言之中。曰:"歲在壽星及鶉尾,必獲此土。"子犯之言也。"歲在大梁,將集天行。"董因之言也。"歲在星紀,而淫於元枵,宋、鄭必饑。"梓慎之言也。"歲棄其次,以害鳥帑,周、楚惡之。"裨竈之言也。"歲在鶉火,是以卒滅,陳將如之。"史趙之言也。"歲在大梁,蔡復楚凶。"萇宏之言也。是皆推至數年、數十年之後,然統論一歲,非專指一日,猶未見推步密率。若周景王問律,伶州鳩曰:"武王伐殷,歲在鶉火,月在析木之津,辰在斗柄,星在天黿。"景王距伐殷之歲六百年,而日月五星之躔了如指掌,足證當時有上推之法矣。

晉獻公伐虢,卜偃曰:"克之。九月、十月之交,丙子旦,日在尾,月在策,鶉火中。"《外傳》公問偃有攻虢何月語,必在圍上陽之前。《内傳》:"八月甲午,圍上陽。"距丙子四十三日,偃之對尤前數月。而日月五星之躔若合符節,足徵當時有下推之法矣。采用凌氏堃、范氏景福説。推歲星又必定分野,以歲星所在之國必有福,此與曆家首重歲差而兼重里差者,同一理也。固成法之不可廢者也。雲間宋氏慶雲推算歲星之術頗精,此不復贅。

《傳》兩書日南至辨

左氏於僖公五年、昭二十年兩書日南至。蓋以正時曆之失,而深具救曆之苦心也。諸曆家於此聚訟紛紜,莫衷一是。

《漢書·曆志》曰:"釐公五年正月辛亥朔旦冬至,殷曆以爲壬子。"昭公二十年春王正月,距辛亥百三十三歲,是辛亥後八章首也。正月己丑朔旦冬至,失閏。故《傳》曰:"二月己丑,日南至。"《唐志》僧一行"中氣議"曰:"《春秋傳》僖公五年正月辛亥朔日南至,以周曆推之,入壬子蔀第四章,以辛亥一分合朔,殷曆則壬子蔀首也。昭公二十年己丑朔日南至,以周曆得己丑二分,殷曆得庚寅一分。殷曆南至常在十月晦,則中氣後天也。周曆差《經》或二日,則合朔統天也。"張繁露據《春秋緯·命曆序》以爲《傳》本書曰:壬子朔日南至,特劉歆僞改爲辛亥耳。其實非也。《傳》所據者,周曆也。《緯》所據者,殷曆也。氣合於《傳》,朔合於《緯》,斯得之矣。《春秋緯》爲哀平間治甲寅元曆者所僞託,非古也。是則《春秋緯》之不足據,昔人已明言之矣。

《左氏傳》所據者周曆，其文非歆所改，亦明矣。僧一行："魯曆南至，又先周曆四分日之三，而朔後九百四十分之五十一。故僖公五年辛亥爲十二月晦，壬子爲正月朔。又推日蝕密於殷曆，其以閏餘一爲章首，亦以取合於當時也。"《唐志·合朔議》曰："春秋日蝕有甲乙者三十四。殷曆、魯曆先一日者十三，後一日者三。周曆先一日者二十二，先二日九，其僞可知矣。合朔當以盈縮遲速爲定。殷曆推莊公三十年九月庚午朔，襄二十一年九月庚戌朔，定公五年三月辛亥朔。雖合適然耳，非正也。"則殷曆不足據又明矣。隋張賓、唐傳仁均、李醇風皆從殷曆。以僖公五年爲天正壬子朔旦冬至推之，祖沖之《甲子元曆術》而無不合此數子者，並信《緯》而棄《傳》者也。然張胄元曆謂三日甲寅冬至，不從《傳》，亦不從《緯》，固不能盡合矣。

《元史·曆志·授時曆議》曰：僖公五年正月辛亥朔旦冬至，《授時》《統天》皆得辛亥，與天合。下至昭公二十年己卯歲正月己丑朔旦冬至，《授時》《統天》皆得戊子，並先一日。《授時》者，元郭守敬所造曆；《統天》者，宋慶元初楊忠輔所造曆。二人並精於曆法，其所推步又一合一不合。如此《元史》以六術推冬至，勿菴梅氏因之，作《春秋以來冬至考》，删去獻公事，各以其術本法詳衍，然未有折衷。江徵君慎修因作《冬至權度》，就梅氏所考定者實測，而推其不合，斷爲史誤與術誤。左氏所記兩日至：僖公丙寅朔在壬子，二日癸丑冬至，昭公己丑冬至，當在辛卯，《傳》皆先天二三日，術家惟《紀元》宋崇寧曆。與《重修大明》金曆。僅得僖公五年壬子冬至，餘皆步算有差違者。固非合者,亦未盡是。徵君天算精深,可謂超前絕後矣。

近日,張君繁露謂魯自僖公四年以前用建丑,五年以後始改用子建。僖公五年,《傳》書:"春,王正月辛亥朔,日南至"。此乃史官特筆而《經》不書者諱,非王命而擅改子建也。此説殊不然。僖公五年以前未嘗無建子,僖公五年以後未嘗無建丑。此由於日官失職,曆法久壞,置閏失所,三正錯出,甚而有至於建亥者,當時史官亦不自知。周初曆法頒自王朝,魯豈能獨用丑建哉!況魯史明繫之以王,則《周曆》當日固如是也。不然改正乃國家一大事,《經》何得諱而不書哉?即《經》不書而《傳》書之,亦必明言其故。張氏所説,殊未協於事理矣。

火猶西流之傳應在哀十三年冬

哀十二年:"冬十有二月,螽。"《傳》言:"季孫問諸仲尼,夫子謂:'火伏而後蟄者畢。今火猶西流,司曆過也。'"十三年《經》又書:"十有二月,螽。"無《傳》。杜云:"是歲應置閏,而失不置,雖書十二月,實今之九月,司曆誤一月。九月之初尚溫,故得有螽。"又云:"季孫雖聞仲尼之言,而不正曆失閏。明年十二月復螽,實十一月。"

按《傳》與注皆非也。《唐書·曆志》載一行《曆議》引十二年冬十二月螽之事,推是年夏正九月己亥朔,先寒露三日,定氣在亢五度,則此月當周正之十一月。至十二月己巳朔,先立冬三日。日躔心,火伏已久矣。而火猶西流説者,皆依《傳》謂魯曆失閏。余以《經》《傳》月日考之,十二年五月有甲辰。依一行推周正十一月己亥朔，則五月宜有甲辰[一]。又逆推之，十一年《經》《傳》五月有壬申、甲戌，七月有辛酉，皆正與曆合，是未嘗失閏也。十年三月有戊戌，則魯曆置閏蓋在十年末，與一行推置閏當在十一年者未甚遠，而一行云“十二年冬，失閏已久”，是未以前後《經》《傳》之月日細校也。十二年冬十一月，當夏正之九月，宜有寒露節，而一行推九月己亥朔，先寒露三日，則杜言置閏當在十二年者，謬矣。

然則何以言火猶西流，司曆過也？蓋十二年冬十二月火已伏，《經》書“蠡”者，時燠也。至明年置閏稍遲，十二月當夏正之九月，於是火猶西流，而復書“蠡”。季孫之問夫子之言，乃十三年十二月蠡之事，《傳》誤繫之十二年。正與昭十七年六月日食之《傳》當繫之十五年，而誤繫之於十七年也。曆家推步春秋之際，九月之辰，去心近一次。火星明大，尚未當伏。至霜降五日，始潛日下。乃《月令》“蟄蟲咸俯”，則火辰未伏，當在霜降前。雖節氣極晚，不得十月昏見。故仲尼曰：“火伏而後蟄者畢。今火猶西流，司曆過也。”方夏后氏之初，八月辰伏，九月丙火，及霜降之後，火已朝覿東方，距春秋之季千五百餘歲，乃云“火伏而後蟄者畢”。向使冬至常居其所，則仲尼不得以西流未伏爲言，明是九月之初也。然則邱明之記，欲令後之作者參求微象，以探仲尼之旨，具有深意。乃張氏《繁露》以其語爲季氏所僞託，誣聖欺天，果何言哉？此不待辨而知其說之謬也。

【校記】

［一］"又"前原衍"又"字，徑删。

歲星不可以今法推説

"春秋之歲星，不可以今法推，見唐一行《歲星議》。此天道之大可疑者，且存而不論可也。"此江氏永説也。近代諸曆家推歲星超辰之法，皆謂百四十四年一超。其步歲星術以千七百二十八爲歲星歲數。此數即歲星超辰一周之數。蓋以十二乘百四十四得千七百二十八。《左傳疏》云："曆家以周天十二次，次別爲百四十四分。每年歲星行百四十五分，是歲星一次外剩行一分，積一百四十四年，乃剩行一次。"此超辰之法，顯然可據者。

按歲星即木星也。西人瑪吉士算測木星徑長三十三萬一千二百一十里，比地徑大十一倍有餘，身大一千四百七十倍，離日一十八萬萬里。循環於日之外，凡四千三百三十日六時二刻方行一周。本身西向東旋，至四時七刻十一分週而復始。湛氏約翰推得歲星行度歷四千三百三十二日零五八四八二而一周。每次別爲八十六分，歲星每年行八十五分。歲星一次外每年剩行一分，積八十五年，乃剩行一次，爲一超辰，此定法也。星之行度今古不易，曆家以百四十四年超一辰者，謬也。

古曆分至不繫時

造曆者必求端於分至。分至者，四時之中，曆之所由以爲準也。愚以爲周秦以前，至不繫冬夏，分不繫春秋。稽之《經》《傳》，《易》曰“至日閉關”，《郊特牲》曰“周之始郊日以至”，《左傳》曰“土功日至而畢”，《孟子》曰“千歲之日至”。此皆泛言短至而不繫之以冬也。

《左傳》僖五年春王正月辛亥朔日南至，昭二十年春王二月己丑日南至，此實指周正短至而不繫之以時也。《月令·仲夏之月》云“日長至”，《仲冬之月》云“日短至”，此從夏正言二至，而不繫以冬夏也。《雜記》曰：“正月日至，可以有事於上帝。七月日至，可以有事於祖。”此以周正言二至，而亦不繫以時也。蓋就日之長短極至而言，則曰[一]長至曰短至。就日行南陸北陸之極至而言，則短至曰日南至。其曰日至者，則二義兼之。《郊特牲》云：“郊祭迎長日之至。”後世因以短至爲長至，蓋一取極至之至，一取來至之至，意不同而義不相妨也。

至《周官·大司樂》有“冬日至”、“夏日至”之稱。夫周正建子，改月改時。當短至時，立春已半月。當長至時，立秋已半月。即欲繫以時，亦當以春秋，而不當以冬夏也。世傳《周官》創自周公，周公聖人也，豈其戾本朝正朔，加以非時之名。至於二分，在夏正則當春秋，在周正則當冬夏。謂之分者，以日夜至此而均，長短自此而分也。又以其當卯酉月日行至此而適中，故亦曰日中。

《左傳》曰:"馬日中而出,日中而入",周正也。《月令》仲春云"日夜分",仲秋之月云"日夜分",夏正也。觀此則無論夏正、周正,皆無繫之以時者。然則繫時始於何時?曰:自漢始也。有夏之後,建丑、建子、建亥皆不得其平。漢武時造《太初曆》,改用夏正,而分、至、啟、閉立春、立夏爲啟,立秋、立冬爲閉。始均,二十四節氣之名始立。至繫冬夏,分繫春秋,亦自此始也。蓋夏時分、至與啟、閉前後相距皆四十五日。周正啟、閉之後即遇至、分,至、分之距啟、閉前止十五日,後乃七十五日,其多寡相懸。雖云司曆之推測有常,星辰之宿離不忒。揆之於敬授人時之義,終不若夏時之正。故孔子嘗曰:"吾得夏時焉。"而答爲邦,首及行夏之時也。後儒不察,乃云:周雖建子,未嘗改月改時,則是周已行夏時,而孔子之言爲虛贅也。其亦不達於理矣。

今按充宗此言,未知其果有所據否也。周以建子爲歲首,《春秋》書之曰:"春,王正月",明正朔也。未必即以正月初一日爲立春,四月初一日爲立夏,名之爲啟;七月初一日爲立秋,十月初一日爲立冬,名之爲閉也。充宗亦僅爲臆説耳。周雖改月改時,然於農田、祭祀猶用夏時。《左傳》所載于祀事則曰"閉蟄而烝",于農事則曰"啟蟄而耕"。是其所謂啟蟄者,必仍其舊。第亦不繫以時,不當如萬説也。若以周正正月初一日爲啟,如僖五年、昭二十年則爲分啟同日矣。春秋時曆官推測分至以古法,而獨於啟閉必以周正置之於每季首月,是亦未可信也。

【校記】

[一]"曰"，原作"日"，誤，徑改。

非左氏原文辨

隱三年鄭伯車僨于濟，庚戌日，誤。劉氏逢祿以爲非左氏原文，漢劉歆之徒所僞托也，蓋急於附益而失考耳。三年五月庚申因經辛酉而附會也。十年六月無戊申，本非左氏文。《文公篇》："文元年，于是閏三月，非禮也。"劉氏證曰："此類蓋古術法，非左氏之文。履端于始，謂氣朔同日。古法以爲術元。舉正於中，謂中必在其月。歸餘於終，謂中氣在晦，則大餘小餘滿一月，下乃置閏也。注疏似未得劉歆意。《困學紀聞》引《通鑑外紀目録》曰：'杜預《長術》既違五年再閏，又非歸餘於終。但據《春秋》經傳考日辰晦朔，前後甲子不合，則置一閏，非術也。《春秋分記》云：《長術》於隱元年正月朔則辛巳，二年則乙亥。諸術之正皆建子，而預之正獨建丑焉。日有不在其月，則改易閏餘，強以求合。故閏月相距近則十餘月，遠或七十餘月。'劉羲叟起漢元以來爲長術，《通鑑目録》用之。"

張氏繁露據《春秋緯·命曆序》謂："僖公五年，《傳》本書曰'壬子朔，日南至'，劉歆特僞改爲辛亥耳。"不知《傳》所據者周曆也，《緯》所據者殷曆也。劉歆《三統曆》本用殷曆參校而得之者，其他每引殷曆，春秋曆覈其同異。豈不知殷曆有壬子、庚寅之朔，而乃臆改左氏以從己者哉！此固左氏原文非所疑而疑者也。

辰在申再失閏辨

《春秋》襄公二十七年：“十有二月乙亥朔，日有食之。”《傳》稱十一月朔“辰在申，司曆過也，再失閏矣”。杜注：“周十一月，今之九月，斗當建戌而在申，故知再失閏。自文十一年三月甲子至今七十一歲，應有二十六閏。今《長曆》推得二十四閏，通計少再閏云。”又二十八年春無冰註：“前年知其再失閏，頓置兩閏以應天正。故此年正月建子，得以無冰爲災而書。”正義曰：“魯之司曆漸失其閏。至此以儀望審知斗建在申，而時曆稱十一月，遂頓置兩閏。前閏十一月建酉，後閏十一月爲建戌，十二月爲建亥而歲終焉。”噫！杜氏據《傳》“辰在申”一言，而前乎此則減兩閏以實之，後乎此又頓置兩閏以通之，其用心勤矣，而《正義》又附和之，千載後幾莫知其非矣。惟東山趙氏云：“《經》《傳》有曠數年不書日者。《長曆》于此既無所據，豈能無失？”至言“頓置兩閏，臆決尤甚”。然知其誤而不能抉其所以誤，又何以揭日月於千秋，而使長夜復旦也哉！

今樸齋施氏以曆推之，本年十一月乙亥朔。辰寔在戌，時曆先夏正二月。唐《大衍曆》、《元史·曆志》並同。周誠改月，何得爲再失閏。且推而上焉，二十四年七月食，辰在午；二十三年二月食，辰在丑；二十一年九月食，辰在申；二十年十月食，辰在酉。以夏正言之，率先二月。又自二十四年至二十七年推校《經》《傳》，並未失閏。乃至此忽先夏正四月，而以建申爲十一月，有是理哉？

且周曆雖失，而先夏正四月者，實全《經》所未有。惟徐圃臣云："《傳》謂辰在申，疑有誤。乃前二十一年九月之《傳》。"嗚呼！得之矣。竊推襄公之世日食者七，此外更無辰在申者。三豕渡河堪訂《晉史》，千穭遺器尚識齊盤。非精於推步無以發其覆，非校勘《經》《傳》前後無以合其符。習《春秋》者誠知"辰在申，再失閏"爲九月《傳》文，則周正之改月與否不待知者而決矣。夫精審如杜氏，於所食之月，舍《經》從《傳》，未可盡非。惜其不諳曆法耳。不然，亦何至爲此甚難而非者以釋《春秋》哉！

杜元凱減閏辨

自文公十五年六月交食，辰在辰，至宣十年夏四月日食，辰在卯，中歷十三年少二月。據《天元曆》應置四閏，而杜氏《長曆》止三閏。使春秋時曆信然，則文十五年既以建辰爲六月，宣十年應更以建卯爲六月矣。而《經》書夏四月日食，何哉？

樸齋施氏曾以《經》《傳》前後諸朔日推校之，則自文十六年閏五月，至宣二年閏二月，相去四十六月。此後至宣四年閏七月，相去三十月。又至六年閏六月，八年閏五月，相去並二十四月。又十年閏五月及十二年閏五月，相去俱二十五月。較《天元曆》實多一閏。則向之以屢失閏而先夏正三月者，至此實先二月，而建卯之書四月宜矣。

乃杜氏以《長曆》釋《春秋》，竟減兩閏也何居？蓋自宣四年《傳》"七月戊戌，楚子與若敖戰於皋滸"，至八年六月始書"辛巳，有事於太廟"，其間曠四年不書日月，故置閏無憑。而又見襄二十七年《傳》以十一月爲"辰在申，再失閏"，則必減兩閏以應之。他無可減，則必於曠數年不書日者減之。而豈知天不變，道亦不變，並天象亦亘古不變哉！今因宣十年卯月交食而求閏數，因閏數而知杜氏減閏之誤。不惟襄二十七年《傳》文之誤見，並"辰在申，再失閏"爲襄二十一年九月《傳》文之錯簡亦見，而周之改正不改月無不悉見。上下千年，絲絲入扣，錯綜積閏，井井有條。向所謂知其誤而未知其所以誤者，至此而觸類旁通，因指見月。古人可作，不易斯言矣。

與西儒湛約翰先生書

　　吳郡王韜頓首言：佐譯麟經，茲將蕆事。惟《春秋》朔閏疎密之故，尚有未明。大著《幽王以來日食表》，附載於理君所纂《尚書集解》中。惜字同蝌蚪古經，無可辨識。所論《春秋》日食三十六事，知多未合。

　　韜曾以西國日月，推合春秋時所記日食，其失閏前後大抵同於《元史》，此郭守敬《授時曆》所以爲中法之精密者，韜因此撰成《春秋日食中西對勘表》一卷。惟郭守敬所步冬至，與韜見所推者殊爲未符。此在我朝如江慎修徵君徵君名永，安徽婺源人。精於曆法，著有《翼梅》等書。已先言之。蓋由失之於先天也。韜因是潛思力索，竭二十餘日之功，撰成《朔閏冬至細表》一卷。

　　自來治春秋曆學者，如晉杜元凱《長曆》、唐僧一行《開元大衍曆》，我朝則有陳泗源名厚耀，以算學聞。之《春秋長曆》、顧震滄之《朔閏表》、姚文田之《春秋經傳朔閏表》，皆其彰明較著者也。寂居海外，典籍無多，不足以資佐證。陳曆韜未之見。杜曆雖經散佚，而近已搜集於《永樂大典》中，輯爲完書。其餘則尚存什一於孔沖遠《正義》、趙東山《屬辭》中。韜但就所有者而參稽之，竊謂此數君子者，咸未能深求其故矣。《大衍曆》雖循古術，而於《經》《傳》多違戾。元凱、震滄未明曆算，祇就《經》《傳》上下日月推排干支。遇有窒礙，則置閏以通之。委曲遷就，其弊得失參半。杜之弊在徇《傳》，不以爲《傳》誤，而反謂《經》誤。顧氏雖時能矯杜之失，而用心彌勤，差之愈遠。須知不由推步，則無從知其失閏。必先以今準古，而後古術之疎乃見，失閏之故可明。徐文定公曰：“鎔西人之巧算，入大統之型模”，斯可以得《春秋》經傳之日月矣。

顧韜雖纂有成書，未敢以之自信。尤願折衷於大雅，以定指歸。今特繕寫別冊呈上，伏乞詳加披覽，訂其舛謬，一一釐正之。俾春秋二百四十二年中之日月，瞭如指掌，爲治《春秋》者不可少之編，則豈第加惠於後學，抑亦有功于《聖經》非淺矣。韜實於先生有厚望焉。別附疑問十餘條，更乞進而教其不逮。幸甚。韜頓首。

一問：韜推隱元年春正月爲壬子朔，蓋本西法。是年正月十二日癸亥冬至。僧一行《開元大衍曆》爲辛亥朔，先天一日。我朝陳泗源推爲庚戌朔，先天二日。蓋皆宗古術也。是年《經》文無日月可證，而以《傳》所書“五月辛丑，太叔出奔共”，“十月庚申，改葬惠公”，兩文考之，則冬至自在前年。而此年以建丑爲歲首，故杜預《長曆》正月爲辛巳朔，我朝顧震滄本之以作《朔閏表》，據此則隱元年以前實多一閏。諸曆家言其失一閏者非也。蓋多一閏則在建丑，失一閏則在建亥矣。陳氏《春秋長曆》之目，其四曰曆存，以古術推隱公元年正月爲庚戌朔，杜預《長曆》則爲辛巳朔，乃古術所推之上年十二月朔。杜預謂元年之前失一閏，以《經》《傳》干支排次知之。泗源則謂：“如預之説，九年至七年中書日者雖多不失，而與二年八月之庚辰，三年十二月之庚戌，四年二月之戊申，又不能合。且隱公三年二月己巳朔日食，桓公三年七月壬辰朔日食，亦皆失之。蓋隱公元年以前非失一閏，乃多一閏，因退一月就之。定隱公元年正月爲庚辰朔，較杜預《長曆》甲子實退兩月。冬至自在前年十二月。蓋不當閏而閏，故冬至恒在閏月，而歲首反在建丑。此春秋時曆家之謬也。大約自隱、桓、莊、僖以前，歲首建丑者多，皆坐不當閏而閏之弊。”陳氏素精疇人家言，當時號爲淹通中西之術者，故其説精確可信。今惜不能得其書而讀之也。

一問：莊公二十五年，《經》“六月辛未朔”日食。大箸《幽王以來日食表》云：“周惠王八年七月辛未朔日食，當西國六百六十七年五月十八日[一]。《大衍》《授時》二曆並推得七月朔，交分入食限。《經》書六月，失閏也。”按是年正月二十九日辛丑冬至。朔日癸酉。中間應閏四月。順推至日食之朔，適在六月。而諸曆家必以爲在七月者，未明其故。豈五月之前不應置閏歟？又按是年日食，《經》書“鼓用牲于社”。《左傳》曰：“非常也。”杜預云：“非常鼓之月，辛未實七月朔。置閏失所，故致月錯。"孔氏《正義》云："以前不應置閏而置閏,誤使七月爲六月。"然則杜、孔並以辛未朔日食在七月矣。諸曆家或從其説歟?

一問:莊公三十年《經》"九月庚午"日食。大箬《幽王以來日食表》云："周惠王十三年十月庚午朔日食,當西國六百六十三年八月二十一日。"[二]《大衍》《授時》二曆並推在十月。按是年正月二十四日丁卯冬至,朔日甲辰。中間應閏七月。既已置閏,則順推至九月庚午朔。適合西國八月二十一日。《經》所書實未嘗誤。乃諸曆家並以九月爲十月,反謂《經》爲失閏,未知何據。

一問:僖公十五年《經》"五月"日食。大箬《幽王以來日食表》云："此年日食中國不見。西國六百四十四年正月二十八日,當周襄王七年三月癸未朔。中國已過交限,並無日食。"我朝閻百詩云："此年五月之交,宜在四月。然乃亥時月食,非日食也。"其説與先生同。但《大衍》《授時曆》並推得是年四月癸丑朔,去交分,入食限。《經》書五月,蓋差一閏。《授時》并推得是月朔去交分一日一千三百一十六,入食限。其説又與先生異。更乞布策推算,并繪列圖説以明之。

一問:杜預於文元年《傳》"於是閏三月,非禮也"之下注云："于曆法閏當在僖公末年,誤於今年置閏。"今按新法是年不得有閏。僖三十一年應閏九月。文元年應閏十月。而三十二、三十三兩年並無閏。《大衍曆》則於僖三十二年閏二月,文元年閏十二月,而於是年無閏。預所云云,未知所據何曆?按是年《經》文"夏四月辛巳,晉人及姜戎敗秦師於殽",是三月十四日。"癸巳,葬晉文公",是三月二十六日。蓋失一閏,《經》有明證矣。而《經》又於下書"十二月乙巳,公薨於小寢"。乙巳爲月之十一日。顧四月既有辛巳、癸巳,則十二月不得有乙巳。故杜預註云:"乙巳,十一月十二日。《經》書'十二月',誤。"蓋求合於彼,則不得不指誤於此。此推校上下《經》文,豈中間置有閏月歟?然下又書"隕霜,不殺草,李梅實"。周之十二月,爲夏之十月,兼之有閏,則氣候已寒,不應有此。則或以爲失閏者近是。疑不能明,希垂示以破其惑。

一問:文公六年《經》書"閏月不告朔,猶朝于廟"。則是年之閏,《經》有明文。而僧一行《大衍曆》乃於文七年閏四月,實與《經》《傳》未合。然推求曆法,此年本不得有閏。況春秋時冬至每先天二三日,若是年有閏,則冬至反在後天,而明年文公七年爲戊午朔旦冬至矣。今韜所推《春秋朔閏冬至細表》,文公六年正月十八日壬子冬至,朔日丙寅,無閏。七年正月二十九日戊午冬至,朔日庚寅,閏四月。雖與《大衍曆》同,而於《經》《傳》未符。顧棟高嘗云:"《大衍曆》所推與《經》《傳》每先後一月。蓋古曆疎,不得以今曆爲準。"或者春秋古術是年應有閏歟?希爲推之。

一問:文公十五年《經》"六月辛丑朔",日食。大箸《幽王以來日食表》云:"周匡王元年五月辛丑朔日食,當西國六百十一年四月二十日[三]。《經》書六月,蓋失閏也。"按是年正月二十八日庚子冬至,朔日癸酉。中間應閏四月,推至辛丑朔日食,適在五月,與韜所推者本合。但《元史》所載郭守敬《授時曆》云:"文公十五年己酉歲,六月辛丑朔,加時在晝。交分二十六日四千四百七十三分，入食限。"是郭氏推合六月朔，不置閏在前。雖與《經》合，而實於曆法未符。然則《授時曆》果可從歟？希詳示之。

一問：宣公十二年《經》書"夏六月乙卯，晉荀林父帥師及楚子戰於邲"。下文又書"冬十二月戊寅，楚子滅蕭"。但六月既有乙卯，則十二月不得有戊寅。故杜預注云："十二月無戊寅。戊寅，十一月九日。"疑爲《經》誤。孔沖遠《正義》曰："杜不言月誤者，以《傳》稱師人多寒。若是十一月，則爲今之九月，未是寒時。當月是而日誤也。"或疑中間有閏。則揆之曆法，非係閏年。鄙意戊寅確是十二月之九日，并非《經》誤。而乙卯當在七月十四日。《經》蓋誤"七"爲"六"。其或然歟？

一問：成公九年《經》書"秋七月丙子，齊侯無野卒"。杜預注云："丙子，六月一日。書七月，從赴。"夫史官紀日，史官所以傳信，豈有是月本無是日，而漫從鄰國誤赴之文而書之耶？知其殊不然矣。蓋杜元凱但據己之《長曆》爲準，往往逞臆釋《經》，不自覺其謬妄，故其弊如此。今按是年正月二十九日丁丑冬至，朔日己酉。春秋古術冬至每先天一二日，則正月朔或在辛亥、庚戌之間，丙子實爲七月二十九日或晦日也。至此年有閏，實合曆法。《傳》記"城中城"在十一月之後，十二月之前，而曰"書，時也"。杜預注云："此閏月城。"想當然歟？又按一行《大衍曆》"成公九年閏四月"，于法實合，而丙子在七月二日，於《經》亦符。但下文《經》"庚申，莒潰"，書在冬十一月葬齊頃公之後，而《傳》亦云"冬十一月戊申，楚入渠丘"。《經》俱云"十一月"，似不得謂誤。釋以《經》不書月之例，亦有未安。

意者春秋古術是年之閏當依杜在十一月後歟。

一問：襄公二十一及二十四兩年皆比食。古今言算家並以爲舊史官之失，應在誤條。惟漢董江都謂"比食又既"。宋衛朴推驗春秋日食，合者三十五。是二頻食亦入食限。不知其布策推算實宗何法？又有人言有推比食法。但其法不傳，未可爲據。其言一年有再食者，則如宋高閌所稱"曆家推步之法，一百七十三日日月始一交，交則月掩日而日爲之食"。其說殊淺。我朝黃梨洲所云："西曆言日食之後，越五月、越六月，皆能再食。是一年兩食者有之，比月而食，斷無是也。"不知西術所推竟有比食之理，其法亦不難解。憶韜於咸豐八年主修《己未中西曆書》，其年寅、卯、申、酉俱兩月比食。依《癸卯元術》推之，僅正月望、二月朔及七月朔望入限。此推蓋準西國新法也。今請繪一比食圖，並立說以明之。

一問：襄二十七年《經》書"十二月乙亥朔"日食。《左氏傳》云："十一月乙亥朔，日有食之。"與《經》差一月。杜預注云："今《長曆》推十一月朔，非十二月。《傳》曰'辰在申，再失閏'。若是十二月，則爲三失閏，故知《經》誤。"孔沖遠《正義》云："《經》言十二月，而《傳》言十一月。杜以《長曆》推之，乙亥是十一月朔，非十二月也。若是十二月，當爲辰在亥。以申爲亥，則是三失閏，非再失也。知《傳》是而《經》誤。"杜、孔皆據《傳》以證《經》，謂《經》誤一爲二。抑知其實不然。《經》或未必誤，而《傳》亦未可據也。今按大箸《幽王以來日食表》云："周靈王二十六年十一月乙亥朔日食，當西國五百四十五年十月初七日。後秦姜岌云[四]：'襄公二十七年十一月乙亥朔，交分入限，應食。'《大衍》《授時》二曆所推並同。又按是年正月初八日丙戌冬至，朔日己卯。順推至十一月乙亥朔，適當西國十月七日。"然則此年之十一月實爲夏之九月，其建在戌，未嘗誤也。由冬至以校月建，由日食以定月朔，由排比干支以求日數，由對勘中西日月以證異同，無不一一吻合。依《傳》則並未失閏，依《經》則僅差一月，歲終或應置一閏以捄其失。乃《傳》忽云："辰在申，司曆過也，再失閏矣。"是以此年之十一月爲夏之七月，相距不亦遠乎？未識其何爲而有是説，殊所不解。或者左氏生周之季，道聽塗説，得諸傳聞，而遽筆於書，杜、孔二家未及審正，傅會《傳》文，更紛爲頓置兩閏之説，貽誤後人，由是《春秋》不可讀矣。先生曆學淹通，具有卓識，乞爲詳示，用釋斯疑。

一問：襄二十八年《經》書"春無冰"。杜預於下注云："前年知其再失閏，頓置兩閏以應天正。故此年正月建子，得以無冰爲災而書。"杜又於襄二十七年《傳》"再失閏矣"之下註云："文十一年三月甲子，至今七十一歲，應有二十六閏，今《長曆》推得二十四閏，通計少再閏。"夫《長曆》乃杜預所臆造，非春秋時古術本如是也。況預又不明推步，不過從七百餘年之後，推較《經》《傳》，排比甲子，以意疎密置閏以求合，殊不足據。即其自謂用《乾度》並古今十曆以相考驗，則諸曆皆漢以後人作，未可遂以爲準的也。且《傳》但言再失閏，未嘗言再置閏。頓置兩閏，《傳》無明文。元凱果於自信，毅然於己所推《長曆》襄二十七年歲終叠置兩閏月，而并以之釋《經》。一若春秋時置閏本屬如是，一定而不可移易，何其妄歟？孔沖遠《正義》務宗一家言，不惟不糾其非，而反從其説。其言曰："魯之司曆漸失其法，至此日食之月，以儀審望，知斗建之在申。斗建在申，乃是周家九月，而其時曆稱十一月，故知再失閏。於是始覺其繆，遂頓置兩閏，以應天正，叙事期。前閏月爲建酉，後閏月爲建戌，十二月爲建亥，而歲終焉。故明年《經》書'春無冰'，《傳》以爲時'災'。若不復頓置兩閏，則明年春乃是今之九月、十月、十一月，無冰非天時之異，無緣《經》書'春'也。必遠取文十一年三月甲子者，但據前閏以來計之，不得有再失之理。必遠從文十一年以來通計，乃得知也。"其依違杜説如此。今按自文十一年以來七十一歲中，《經》書日食者十有二。二比食在誤條，不列内。諸曆家推合者八。文十五年六月辛丑朔，宣十年四月丙辰朔，成十六年六月丙寅朔，襄十四年二月乙未朔，襄二十年十月丙辰朔，襄二十一年九月庚戌朔，襄二十三年二月癸酉朔，襄二十四年七月甲子朔，並入食限。與《經》符合。失閏者二。成十七年《經》書十二月丁巳朔，應在十一月。襄十五年《經》書八月丁巳，應在七月丁巳朔。並失閏也。誤書者二。宣八年《經》書七月甲子日食既，應在十月甲子朔，《經》蓋十誤爲七。宣十七年《經》書六月癸卯日食，《大衍》《授時》二曆並推在五月乙亥朔。《幽王以來日食表》云："是年日食在西國十月初五日，但中國不見。蓋在誤條。"郭守敬《授時曆》雖推在五月乙亥朔，但未明著交食分、秒，則不能定其必入食限也。兹不必遠徵諸文、宣、成三公，但以襄二十年來四日食校之，朔、閏皆符。所謂失閏者安在？況再失閏乎？以曆法所不能求而得之者，而杜竟能知之，斯亦奇矣。毋怪乎爲明曆者所訾也。《新唐書·律曆志·大衍合朔議》曰："列國之曆不可以一術齊。邱明或隨其所聞而書之，或從其所赴而記之。而《長曆》日子不在其月，則改易閏餘，欲以求合。故閏月相距，近則十餘月，遠或七十餘月。

此杜預所甚謬也。夫合朔先天，則《經》書日食以糾之。中氣後天，則《傳》書南至以明之。其在晦、二日，則原乎定朔以得之。列國之曆或殊，則稽於六家之術以知之。此四者，皆治曆之大端，而預所未曉故也。"嗚呼！斯言允矣。顧我朝有陳厚耀者，素稱曆學名家。其所著《曆存》一編有云："推至僖公五年以下，朔閏一一與杜曆相符，故不復續載。"然則頓置兩閏，亦與杜合也乎？惜行篋中未携斯書得一讀之，以破斯惑。敢進質高明，以爲定論。

　　一問：昭公二十二年《經》書"十二月癸酉朔，日食"。諸曆家推之並合。其年有閏月，應在五月後，而《傳》誤置於歲終，遂致日食之朔與《經》違異。是《經》不誤而《傳》誤也。又《傳》是年所記日月多與《經》不符。"王猛居於皇"，《經》書在六月下，而《傳》以爲"秋七月"。其所謂戊寅，乃六月三日也。王猛之卒，《經》書"十月"，而《傳》以爲"冬十一月"。其所謂乙酉，十月十二日也。乃杜元凱專信《傳》文。一則曰"《經》書六月，誤"。再則曰"《經》書十月，誤"。於癸酉朔日食條下注云："此月有庚戌"。又"以《長曆》推較前後，當爲癸卯朔。書癸酉朔，誤"。杜氏不能深求《經》《傳》不同之故，而寧背《經》從《傳》。且以《傳》此年敘次日月最詳，爰據之以作《長曆》。其謬甚矣。顧棟高《春秋大事表》云："按是年杜注《經》誤者三。是年孔子年已三十二，事皆耳聞目見，不應連書三事皆誤。疑當時置閏本在四月後，《傳》誤置閏於歲終，遂與《經》異。《大衍》《授時》二曆俱云'十二月癸酉朔，入食限'。明是《傳》誤。"其説原頗有見，惜其《朔閏表》仍從《傳》失，不糾杜非，是未免爲所囿矣。

今按《傳》是年記載多係周事。然則閏在歲終，周曆然歟？婺源江慎修云："當時不頒正朔，列國自爲推步，故《經》《傳》日月常有參差。如昭二十二年《經》書'十二月癸酉朔日食'，而《傳》歲終有閏，明年正月爲壬寅朔。《經》之十二月，即《傳》之閏月也。是周術魯術不同也。"由江說觀之，《經》用魯曆，而《傳》用周曆，信矣。

一問：哀十五年歲終，《傳》有閏月。顧攷之曆法，此年不當置閏。今《傳》有閏，誤也。《大衍曆》於哀十三年"閏九月"實合推步。特以是年上下《經》《傳》，並無日月甲子可證。而前年五月庚申朔日食，諸曆家推之並合。《元史・授時曆》云："哀公十四年庚申歲，五月庚申朔。加時在晝。交分二十六日九千二百一分，入食限。此條，大著《幽王以來日食表》未嘗推及。然則據此以推，是年不得有閏明甚。杜元凱《長曆》、顧棟高《朔閏表》並於此年依《傳》誤置閏十二月，則并下年孔子卒日不得符矣。婺源江慎修云："蒯聵入衛，《傳》在哀公十五年歲終閏月，而《經》書十六年正月，是魯術、衛術不同也。是則衛曆有閏而魯曆無閏。《傳》所記哀十五年之閏月，即《經》所書哀十六年之正月也。《傳》所據者衛曆，《經》所用者魯曆。《經》《傳》不同，蓋以此故。明乎此，可曉然於春秋之日月矣。"韜今推哀十五年正月十七日壬申冬至。朔日丙辰。其年無閏。哀十六年正月二十八日丁巳冬至。朔日庚戌。其年閏五月。《經》"正月己卯，衛世子蒯聵自戚入於衛"，是月之三十日也。《經》"四月己丑，孔丘卒"，是月之十一日也。乃杜預妄云："四月十八日有乙丑，無己丑。己丑乃五月十二也。"誤移孔子之卒日以就《長曆》之所推，其謬不亦甚哉？未識高明以爲然否？

一問：春秋時置閏，諸曆家各執一説。錢大昕、梁玉繩謂"古法以無中氣之月爲閏，一歲皆可置閏"。蓋本唐孔穎達、僧一行而言。顧棟高謂"春秋亦是隨時置閏，特不拘於常曆法"。蓋本晉杜預而言。沈彤謂"周時積氣朔餘日以置閏，在四季月"。説雖特刱，理或未符。顧炎武、萬斯大並謂"春秋古術，閏在歲終"。梅文鼎、江永、范景福則謂"定時以無中氣置閏爲安，考古以歲終置閏爲合"。説介兩可。而范氏仍欲以《授時》消長上推朔閏日至，則歲終置閏猶未能果於信《傳》也。聚訟紛紜，莫衷一是。鄙意不如折證於《經》爲得其實。今按閔二年"五月乙酉，吉禘於莊公"。"八月辛丑公薨"。五月有乙酉，則八月不得有辛丑。中間應有一閏。僖元年"十月壬午，公子友帥師，敗莒師於酈"。"十二月丁巳，夫人氏之喪至自齊"。十月有壬午，則十二月不得有丁巳。中間應有一閏。特其兩年疊置閏月，於法未聞。宣二年"二月壬子，宋華元帥師，及鄭公子歸生帥師，戰於大棘"。"九月乙丑，晉趙盾弑其君夷皋"。中間有閏。昭元年"六月丁巳，邾子華卒"。"十一月己酉，楚子麇卒"。此亦應有閏在中間，而杜預以爲月誤，疎矣。昭二十年《傳》記"二月己丑朔，日南至"，而《經》書"十一月辛卯，蔡侯盧卒"。《傳》於八月下有"閏月戊寅，殺宣姜"之文，則中間明有一閏矣。雖識者譏其曆官妄置，而不聞《傳》言其誤也。昭二十八年"四月丙戌，鄭伯寧卒"。"七月癸巳，滕子寧卒"。相距僅百餘日，苟非置閏，何以通之？《經》文前後甲子違距差異者凡六處，不得盡謂之誤書，概指爲從赴。惟揆之曆法，閔二、僖元兩年均不得有閏。杜預《長曆》、顧棟高《朔閏表》反以從《經》而致誤。其餘則適在閏年，可以無疑。然則閏之不必定在歲終，《經》固有據矣。以此靖羣說之淆，其可歟？

【校記】

［一］周惠王八年，當公曆公元前六六九年，曆家年前六六八年，此處用曆家年，應作"六百六十八年"。

［二］周惠王十三年，當公曆公元前六百六十四年，曆家年前六百六十三年。

［三］周匡王元年當公曆公元前六百十二年，此日當四月二十一日。此所推"四月二十日"，早一日。

［四］"云"後原衍"云"，逕刪。

校勘春秋朔至日月與湛約翰先生書

吳郡王韜頓首再拜。奉書湛牧師大名世閣下。伏讀大箸《春秋曆日表》，自隱公元年己未迄哀公十六年壬戌，凡二百四十四[一]年，每歲列冬至甲子以推天正，而每月附以《經》文甲子之可考者以爲佐證。其或《經》文甲子間有前後不符者，則以爲誤文不復登録。其置閏疏密，則以春秋時曆爲準。立意殊微，用心甚細。韜反復推尋迺知其義。表中每歲所列冬至甲子，與正月差在十餘日以外者，相距較遠。僅差在七日以內者，相距較近。其正月實係建子之月，冬至適在正月者，則正月列於前，而冬至甲子列於後。推其義例，大概如斯。因以韜

所推驗者互相比證,殊多吻合。特其中亦有一二獻疑者,謹列如左:

一、隱元年正月建丑,冬至自在前年十二月,此無可疑。二年冬至在前年十二月下旬,相距僅六七日耳。五年、十年亦然。觀尊表所推隱十年庚戌冬至,似列在前年十二月二十二日左右。此年正月爲己未朔,故以《經》文所書二月爲正,而以《傳》文之正月癸丑列入二月,以辨《經》是而《傳》非,允矣。《經》文於下六月三書“壬戌、辛未、辛巳”。尊表以其甲子不符,概置不録,而又取《傳》文九月之戊寅,又並列《經》文十月之壬午。但既以《傳》文九月之戊寅爲正,則於《經》文十月之壬午必不得合。以九月有戊寅,則十月不得有壬午也。今尊表於九、十兩月並列《經》《傳》甲子,無所棄取,竊爲疑之。

一、隱十年中丘之盟,《經》但書二月而已,未繫以日。《傳》書盟日癸丑在正月,當有所據。今以癸丑入二月,則以二月爲己丑朔,癸丑爲二月二十五日。而於下《經》文所書六月之壬戌、辛未、辛巳及冬十月之壬午,皆不得合。是取一無日之二月以求合《經》,而反遺書日之四甲子,明與《經》背。不如移十年之閏在九年十一月後,可以合《經》,而於《傳》亦不背。且此年《傳》所書日本有誤文。六月中既有壬戌、辛未、辛巳、庚午、庚辰,則不得有戊申。八月既有壬戌,則九月之戊寅亦未合。不當取《傳》之誤文爲正。略陳鄙見,未識當否。

一、隱二年戊辰冬至在前年十二月二十三日。此年正月爲丙子朔,則數至八月,不得有庚辰。杜元凱注謂“八月無庚辰。庚辰,七月九日”,是也。今尊表乃以《經》所書八月之庚辰，十二月之乙卯，相連並列，不復置辨。其爲從《經》誤文，未及校正歟？

一、隱四年二月不得有戊申。杜元凱謂“戊申在三月”，是也。此從有日無月之例。今尊表列入二月，似誤。

一、桓二年丙寅冬至。其年《經》文有正月戊申，則冬至應推在正月下旬，而正月適當建子。今尊表列在前年十二月二十五日，與正月相距僅五日許。此年正月爲辛未朔，二月爲辛丑朔。雖不得合於《經》文所書正月之戊申，而適得合於四月之戊申，所以一棄一取，區別昭然。

一、桓五年《經》書“正月甲戌、己丑，陳侯鮑卒”。其年壬午冬至，與甲戌僅差八日。據《經》而言，冬至在正月無疑。甲戌爲正月二十一日，己丑乃二月七日，當從有日無月之例。然杜元凱注謂“甲戌在前年十二月二十一日”，則壬午冬至亦在前年十二月二十九日，而此年正月爲甲申朔。今以三年七月日食當在八月推之，前年十二月實爲乙卯朔，此年亦係建丑，惟正月與冬至相距僅二三日耳。尊表去甲戌而取己丑，雖係遵從杜說，然實足以證《經》文之誤。

一、莊十一年之閏月，應移在四月後以合《經》。莊十四年之閏，應移在五月後以合《傳》。按莊十一年丁亥冬至，其年《經》文有“五月戊寅”，故舊推以是年正月爲建子，朔日乙丑，二十三日丁亥冬至，以合於《經》文所書五月戊寅。今尊表列冬至於前年十二月，而以此年正月爲甲午朔，故四月有戊寅，六月有戊寅，而五月不得有戊寅，疑爲《經》誤。然是年閏月獨不可移置於四月後歟？何必定在歲終？豈以爲近於九年十二月之閏耶？第春秋置閏，其疎密本不準依曆法，似可毋庸泥此也。

一、莊二十八年丙辰冬至。尊表初推置在前年十二月晦。遞排甲子，三月固不得有甲寅。尊表亦知其非而改之。故次推以正月朔與冬至並在一日，爲至朔同至之年，合十九年一章之數。謂獨於至朔所得時刻，未及細推其孰先孰後，惟以正月爲丙辰朔，正月、二月俱小，則三月適得甲寅朔。然月建大小須從前年排比推算，求其上下相符，前後適平。兩月俱小之説，未免遷就。況如尊表所推，僖五年正月爲壬子朔，初三日甲寅冬至。《傳》所云“正月辛亥，日南至”，在前年十二月晦。僖十六年正月爲己酉朔，《經》所云“正月戊申朔，隕石于宋，五”，爲前年十二月晦。昭二十年二月爲庚寅朔，初二日辛卯冬至，《傳》所云“二月己丑，日南至”爲是年正月晦。是則尊表推算朔晦，頗盡細微，並不委曲以從《經》《傳》。何於莊二十八年三月之甲寅而獨寬也？甲寅自在二月二十九日，當在不取之例，正不必曲求合《經》，與四月丁未並列也。

一、閔二年、僖元年，叠置兩閏，時曆固並無此法。故韜向時第一次推，於閔二年並不置閏，而以辛丑爲九月二十五日；八月無辛亥丑，疑爲《經》誤。今知不然者，閔二年若不閏五月，則不獨不能合於本年八月之辛丑，且并僖元年七[一]月之戊辰，十月之壬午，亦並失之，而僅能合於僖元年十二月之丁巳而已。推校兩年中前後《經》文，閔二年當有閏五月，僖元年當有閏十一月。春秋時曆法，其錯亂果如是歟？斯真難以常法解之者矣。

一、僖二十三年之閏，應移在二十四年三月後，以合《傳》。二十四年正月建亥。

一、僖二十八年十一月無壬申。杜注"壬申，十月十日，有日而無月，史闕文"，是也。今尊表列在十一月，當删。

一、文九年，尊表置閏八月，而癸酉列於九月。今按是年正月戊申朔，二十一日戊辰冬至。就月建大小排之，九月得甲戌朔，癸酉在閏八月二十九日。九月甲戌朔，不得有癸酉，其閏應移置在九月後。

一、文十三年正月乙酉朔，初五日己丑冬至。五月癸未朔。壬午是四月晦，五月不得有壬午。今尊表列壬午於五月，似差一日。

一、宣十二年應閏五月。以十三年歲終之閏移置之，而以《經》所書"十二月戊寅"爲誤文，從杜元凱説。按是年《經》書"六月乙卯，晉、楚戰邲"，而《傳》於六月兩書"丙辰、辛未"，三甲子並在一月中，《經》《傳》相同，未應有誤。《傳》記楚滅蕭事，但言冬而不書日月，"師人多寒"，明係冬至前後節氣，戊寅或係戊申之誤。是年冬至或在歲終，未可知也。

一、宣十七年正月丁丑朔，初八日甲申冬至，遞排至十一月爲壬申朔。今尊表爲辛未朔日食，與《經》未合。

一、成九年正月己酉朔，二十九日丁丑冬至。七月不得有丙子，杜元凱以丙子在六月，是也。今尊表七月列丙子，當删。

一、成九年十一月後可置閏月。以成十年歲終之閏移置之，以合《傳》"城中城"之書，在十一月後。

一、成十年《經》"丙午，晉侯獳卒"，書在五月後，而中間閒以"齊人來媵"一事，據《傳》文則明是"六月丙午"。故杜元凱以丙午爲六月七日，從有日無月之例。今尊表列在五月以求合《經》，竊謂未允。按《傳》"六月丙午，晉侯欲麥"，周六月，夏之四月，麥始熟，故甸人得以獻麥。若在夏之三月，則麥猶未熟，何從獻歟？況五月"晉侯有疾"，"晉太子出會諸侯"，五月"辛巳，鄭伯先歸"，至"丙午，晉侯卒"，"戊申鄭殺申叔禽"，皆六月中事。下接"秋七月，公如晉"。按考當時情事，自是如此。故此年之閏，移在前年爲合。

一、襄二十五年正月辛酉朔，十五日乙亥冬至。遞推至八月。無己巳。《經》書"八月己巳，諸侯同盟於重丘"，當爲誤文。《傳》言"七月"，是也。杜元凱以《長曆》校之，己巳是七月十二日。今尊表列己巳於八月，未合。

一、襄公二十七年不必閏，閏月可移在二十六年歲終。乙亥朔日食，《經》以爲"十二月"，《傳》以爲"十一月"。諸曆家推之，《傳》是而《經》誤，故不必置閏以求合《經》也，但合《經》"七月辛巳"之甲子可矣。

一、昭二十二年《傳》有閏月，在十二月後。而所書"辛丑，伐京"，即在癸酉日食後二十八日，月小即晦日。然則《經》之十二月即《傳》之閏月明矣。《傳》此年多記周事，故先儒以爲左氏所書閏月當據周曆，若魯曆則歲終無閏也。今尊表置閏在十一月後，既不合《傳》，而於《經》文六月"王猛居皇"，十月"王子猛卒"，亦皆失之。今可移置於五月後，不必曲依《傳》文。蓋《傳》自用周曆，《經》自從魯曆也。

一、定七年歲終之閏，可移置於八年二月後，以合於《傳》文八年二月己丑、辛卯兩書甲子。惟此年正月則爲建亥。然毋庸泥也。

一、哀十六年春正月當補入己卯。尊表於十五年歲終不置閏月，甚允。蓋《傳》十五年之閏月，即《經》十六年之正月也。故先儒以爲衞曆有閏，魯曆無閏。左氏所據者衞曆也，《經》文所從者魯曆也。左氏多得他國典籍，每雜用他國曆。書衞事則用衞曆，書周事則用周曆，書晉事則用晉曆，其與《經》同者則據魯曆以參改。然隸事既多，取材又博，往往有失於改正者。故日月或有時與《經》違異，要不足爲左氏病也，在善讀《經》《傳》者自能領略之耳。

一、尊表足以推校《經》《傳》之誤者，大抵多從杜説。今臚舉之如下：《經》桓二年正月無戊申，此年杜無注。顧氏《朔閏表》以爲是月之八日。正月辛丑朔，八日戊申。桓五年正月無甲戌，桓十二年八月無壬辰。桓十七年二月無丙午，莊八年十二月無癸未，僖十八年八月無丁亥，僖二十七年八月無乙巳，文十三年十二月無己丑，文十四年五月無乙亥，成二年八月無庚寅，成十七年十一月無壬申，襄二年六月無庚辰，襄三年六月無戊寅，襄四年三月無己酉，襄九年十二月無己亥，襄二十五年八月無己巳，襄二十八年十二月無乙未，昭二十四年八月無丁酉，定四年二月無癸巳，定十五年九月無辛巳。凡此皆經杜元凱《長曆》所指摘，決爲《經》誤，而尊表亦俱見及，與之相同。其有杜已校正而尊表反誤收者四條。如隱二年八月無庚辰，隱四年二月無戊申，僖二十八年十一月無壬申，成九年七月無丙子是

也。統核全《經》，凡誤書甲子者二十有四。若僖十六年"正月
戊申朔，隕石于宋，五"，尊表以爲在前年十二月晦，列置正月
之前，則恐春秋時月建晦朔，無此細密也。是以此條不在誤文
之數。至於《傳》文所書日月干支，尊表概行略而不錄。然亦
可因《經》以證《傳》。今亦備摘《傳》文之誤者，具列如下：《傳》
隱三年十二月無庚戌；《傳》本無月，以十二月盟石門推之。隱八年八
月無丙戌；隱十年六月無戊申，九月無戊寅；僖二十四年二月、
三月所記晉事多差一月；尊表於僖二十三年置閏十二月。是年正月爲建
子。顧棟高《朔閏表》則置閏於僖二十四年正月後求合《傳》文，而正月則建亥
矣[三]。文元年《傳》有"閏三月"，推校上下《經》文，三月不應置
閏，《傳》誤明矣；文六年十一月無丙寅；文十四年七月無乙卯；
襄九年歲終不得有閏月戊寅，戊寅是十二月二十日；襄二十二
年十二月無丁巳；襄三十年四月無己亥；昭八年十一月無壬
午；《經》書十月，《傳》言十一月，誤。昭九年二月無庚申；昭十年五月
無庚辰；昭二十二年歲終無閏，當在是年五月後；哀十五年歲
終無閏。此誤置閏月二條，杜氏未及指出。統核全《傳》，凡誤書甲子
者十有六。讀《經》《傳》者誠能細心推求，則於《春秋》日月思
過半矣。

　　一、《經》《傳》日、月本不誤，而反因杜氏《長曆》而差謬
者，尊表足以糾正杜氏之失。具列如下：僖五年歲終，杜《長
曆》誤置一閏，遂致八年、九年《經》書日月甲子不符。《正義》
曲爲廻護，謂"杜推勘《春秋》日、月，置閏或稀或概，自準春秋
常法，不與《長曆》同也"。然則何獨失之於八年十二月之丁
未、九年三月之丁丑歟？殊屬舛謬。今去此僖五年歲終之閏，

六、七、八、九四年正月俱歸建子，八年十二月適得丁未，九年三月適得丁丑。杜注之誤，昭然可辨。僖十二年庚午日食，當在四月之朔。《經》不書朔者，或當時係三月之晦，未可知也。《經》書“陳侯杵臼卒”，適在十二月，未誤。而趙東山引《長曆》云：“十二月乙未朔。丁丑，十一月十二日。”知杜曆誤以四月庚午朔爲三月庚午朔矣。故注“不書朔”爲“官失之”，此《經》不誤而杜誤也。僖三十三年應置閏於八月後，《經》所書“乙巳，公薨”，在十二月十一日。杜注《經》誤，殊未審也。哀十六年正月“己卯，蒯聵自戚入衛”，自是此年正月晦。杜指爲“從赴”，亦謬。凡此皆杜氏知之未的者。元凱在當時精於《春秋》之學，號稱《左》癖，親爲之注，而猶未免疎舛若此，則以未明曆法之故也。然其《長曆》能糾摘《經》《傳》之誤者，其功亦不可沒。

一、《春秋》記日食，書朔不書朔，書日不書日，後儒議者紛然，要當宗推步以明之。今據表，莊十八年“三月，日有食之”，當在四月壬子朔。僖十二年“三月庚午，日有食之”，當在四月庚午朔。僖十五年“五月，日有食之”，按五月壬子朔無日食，日食當在是年二月甲申朔，然中國不見。文元年“二月癸亥，日有食之”，當在三月癸亥朔。宣八年“七月甲子，日有食之，既”，七月無甲子朔，當在十月甲子朔。宣十七年“六月癸卯，日食”，當在十一月辛未朔。襄十五年“八月丁巳，日有食之”，當在七月丁巳朔。襄二十一、二十四年十月、八月無比食。昭十七年“六月甲戌朔，日有食之”，當在十月癸酉朔。凡校正者八條，均與《元史》郭守敬用《授時曆》所推合。而僖十五年“二月甲申朔，日食”一條尤爲諸曆家所未言，殊足貴也。

一、大抵春秋時魯史官不精於曆，故二百四十餘年間，自僖公以前，所書春王正月多係建丑。其中惟莊公元年七年、九年、二十年、二十三年、二十六年、三十一年、閔公二年，實爲建子之月，可稱絶無僅有。而莊之二十年、三十一年，又無《經》文甲子可證，第就上下《經》《傳》遞推之而已。僖公元年亦建丑，歲中又多置一閏，遂至二年正月變爲夏正建寅，於天正曆法漸差漸遠。當時史官亦悟其謬，故於僖五年正月特書“辛亥日南至”以糾正之，而於三年、四年不復置閏，至七年方有閏月。惠王崩之見于《傳》以後，如僖十年、十二年、十四年、十五年、十八年、二十年、二十一年、二十六年、文四年、七年、宣十六年爲建丑，餘皆建子，適符周正。特其後又有當閏而不閏者，則遂至以建亥之月爲歲首。如僖三十年、三十二年、三十三年、文十八年、宣三年、四年、六年、成元年、四年、七年、十年、十二年、襄十六年、十九年、二十一年、二十七年、昭元年、四年、十五年、二十年、二十八年、定二年、七年、十年，皆建亥也。昭公以來，史官亦漸知失閏，故於昭二十年特書“春，王二月己丑，日南至”以糾正之。左氏兩書日至，所以正曆之差。然既改旋差終無救其失，則在當時曆法之疎也。

一、春秋時曆官置閏，大抵多不合於十九年一章之古法。文公七年以前，不當閏而閏，冬至多在閏月，其弊在多閏。七年以後，當閏而不閏，冬至在二月者約二十有餘，其弊在失閏。其繆殆雖屈指數，蓋由置閏之不得其宜也。故欲以後世曆法核春秋時之閏月，必致兩失。今尊表權宜置閏，不背於《經》《傳》，洵爲讀《春秋》者之指南。

韜再頓首言。數日以來，偶嬰寒疾，頭目昏眩，不能搆思。覆核尊表極佳，敬當奉爲準的。但篇首不可不作凡例數條，俾讀者易曉。俟韜校譯漢文，冠以凡例、條目，用以嘉惠後學。否則，閣下之表皆以西字排列，幾同蝌蚪古經，而所列又但係甲子，不置一説，是不獨中國儒者對之茫然，即西儒亦恐罕通其義。其能揣探閣下用心所在者，惟韜一人而已。入春將半，天氣尚寒，諸維爲道自重！不宣。

成十八年至襄二年無重大月。

隱九年六、七兩月不用兩大。十二月爲己丑朔。

【校記】

［一］"四"，原作"二"，誤，徑改。

［二］"七月"，原誤作"八月"，徑改。

［三］顧棟高《朔閏表》此年置閏在四月後，這裏記作"正月後"，誤。

與湛約翰先生書論姚氏長曆之謬

韜頓首言。叙次春秋日、月者，如唐僧一行之《大衍曆》、晉杜預之《春秋長曆》、我朝陳厚耀之《春秋曆存》、顧棟高之《春秋朔閏表》，而最後出者爲歸安姚氏文田之《春秋經傳朔閏表》，刻於《邃雅堂學古錄》中。其論春秋時置閏曰[一]："由其定法全失，遂致疏數無常。故有一年再閏者，文元年是也。有一年三閏者，襄二十八年是也。有二年連閏者，僖三年、四年是也。有三年連閏者，僖二十二年、二十三年、二十四年是也。皆由錯失在前，隨時改正。尋其脈絡，可得而言。"驟讀之，殊深駭異。

考文元年正月廿三日丙戌，冬至適合周正建子，本無所誤。是年若閏三月，則於下《經》《傳》所書三甲子皆不能合。《經》"十月丁未，楚世子商臣弒其君頵"，爲月之十八日。《傳》"五月辛酉朔，晉師圍戚。六月戊戌，取之"，爲月之七日。尋繹前後《經》《傳》，不當置閏。謹按曆法當於歲終閏十二月始爲允協，況明年正月辛卯冬至，實符周正建子，連失兩閏之説從何而來？姚氏移僖三十三年之閏妄置於此，遂至一年兩閏，雖古曆法亦未嘗有也。僖三十三年既不置閏，則文元年爲建亥矣。正月既已建亥，則日食應在四月，以諸曆家推得日食在夏正正月也。甲子推排，兩月一周，不能取爲定準，惟日食之垂於天象者，昭然可見。姚氏號爲淹通，何至昧於此耶？此不可信者一。

襄公二十八年爲周正建子，本無所疑。是年正月十八日辛卯冬至，並無閏月。乃姚氏於是年歲終頓置三閏，則襄二十九年正月爲建卯之月。春秋時雖曆法疏謬，未嘗有此。即其推算長至二十八年在正月十六日戊子，二十九年在正月二十八日甲午，則於一歲周天之數實大不合，世豈有歷一十六月四百四十一日而始交冬至者耶？乃猶以長於推步，爲言不誠，大可笑哉！此不可信者二。

考僖公三年、四年歲正皆建丑，均不置閏。今姚氏既連置二閏,則僖五年正月爲建寅,於辛亥日南至一條相距愈遠,更不能合。此不可信者三。

考僖二十二年、二十三年、二十四年,連年皆係周正建子,惟二十三年歲終有閏。是年《經》書:"五月庚寅,宋公茲父卒。"庚寅爲月之二十五日。姚氏《長曆》以上年多置一閏,遂致不合於《經》,而遽謂五月無庚寅,誤矣。韜所推《春秋朔至表》,於二十四年《傳》紀晉事,自二月甲午至三月己丑,並差一月,若移二十三年之閏置於二十四年歲終,則日月甲子悉符。然韜不欲出此者,以連年置閏,爲曆法所無也。乃姚氏竟爾三年連閏,果何所見而云然?此不可信者四。

又其不能臆定而俟考者凡四十七條:

如隱二年《經》書"十有二月乙卯,夫人子氏薨",爲月之十五日。而姚氏以爲"十二月無乙卯,當係己卯之誤"。不知非也,實由彼於上年歲終誤置一閏耳。推姚氏之意,所以置閏者,欲求合於《經》文八月之庚辰。八月既有庚辰,則十二月之乙卯自不能合矣。此其顯然者也。顧此失彼,不太多事乎哉?

閔公二年《經》:"五月乙酉,吉禘於莊公。"姚氏謂"五月無乙酉",其實非也。閔元年歲終之閏,當移於是年五月後,爲閏五月,則自合矣。

僖九年《經》:"七月乙酉,伯姬卒。"彼謂"七月無乙酉",以韜所推,實七月之晦日也。何得云無?

僖二十六年《經》:"正月己未,公會莒子、衛甯速盟於向。""正月無己未"。按若以是年之閏移置於上年歲終,則於《經》初無不合,乃姚氏反不出此,誠所未解。

僖三十三年《經》："十有二月乙巳，公薨於小寢。"姚氏謂"十二月無乙巳"。按此乃應置閏而不置之失。若於是年閏八月，則《經》《傳》日月無不一一吻合。今姚氏於文元年閏三月、閏十二月連置兩閏，遂併元年之《經》《傳》亦多不符。應閏不閏，不應閏而閏，二者胥失之矣。

成公四年《經》："四月甲寅，臧孫許卒。""四月無甲寅"。按甲寅爲月之八日，姚氏之所以不合者，由於上年多置一閏。蓋求合於三月之壬申，自不得合於四月之甲寅矣。

昭二十八年《經》："四月丙戌，鄭伯甯卒。""四月無丙戌"。按丙戌爲月之十四日，姚氏上年之閏應移於是年五月後，則於前後《經》文並無窒礙矣。

莊公元年《經》："十月乙亥，陳侯林卒。""十月無乙亥"。按乙亥乃月之十七日，姚氏於上年又不應閏而閏。桓十八年歲終之閏即莊元年之正月，是年爲周正建子，正月三日乙未冬至。若多一閏，正月在建丑矣。不獨有戾於《經》《傳》，而於曆法亦乖錯失次，殊可歎也。

僖十三年《經》："十有二月丁丑，陳侯杵臼卒。""十二月無丁丑"。按丁丑爲月之十一日，是年建丑，三月庚午日食，諸曆家俱推在五月，蓋周之五月乃夏正之三月也。此年正月既是建丑，則日食在四月庚午無疑。今姚氏以爲"在周正三月，史官失書朔"，其亦未明於推步歟？春秋時史官不諳曆法，於上年誤置一閏。姚氏不以春秋時之曆法推算，遂至既失日食之次，而又失《經》之丁丑。可謂一誤再誤也已。

襄二十九年《傳》："二月癸卯，齊人葬莊公於北郭。""二月無癸卯”。按癸卯爲月之六日。由其上年連置三閏，遂致不合也。

文公十二年《經》：“十有二月戊午，晉人、秦人戰於河曲。”“十二月無戊午”。按戊午爲月之四日。由其三年中失不置閏，遂致日月參差爾。

成公十年《經》：“八月戊辰，同盟於馬陵。”“八月無戊辰”。按戊辰爲月之十一日。是年爲建亥，二月七日丙寅冬至。姚氏《長曆》於六年置閏，雖合於周正建子，而於《經》文甲子不能符合矣。此春秋曆法之所以難推也。

僖二十三年因連歲置閏，遂不合於《經》五月之庚寅。

昭二十年《傳》：“十月戊辰，華向奔陳。”“十月無戊辰”。按“閏月戊辰殺宣姜”，《傳》繫於八月之下，已有明文，則十月戊辰爲月之十三日無疑。且是年《經》“十有一月辛卯，蔡侯廬卒”。辛卯爲月之七日。而姚氏謂“十一月無辛卯”，則又失之。若依《傳》閏八月，則豈有不合者哉？

昭公元年《經》：“十有一月己酉，楚子昭卒。”“十一月無己酉”。按己酉爲月之四日，是年應閏十月，姚氏《長曆》誤置在歲終，遂至失《經》。

姚氏《長曆》於莊公四、六兩年連置閏月，則七年正月實爲建寅，既不合於八年《經》正月之甲午，復不合於十一月之癸未，彼謂“甲午爲二月十四日，失書月”，癸未在十二月八日，是兩失之。姚氏《長曆》爲最後訂定之本，號稱精審，其誤尚且如此。推校《春秋》日、月，不綦難哉。

韜智術淺短，於曆算淵源未窺堂奧，實不能尋繹姚氏脈絡之所在。伏求明示，藉以袪疑，不勝幸甚。

【校記】

    ［一］"曰"，原作"月"，誤，徑改。

中卷

春秋長曆考正

隱公元年己未。建丑。

前年十二月十二日癸亥冬至。華亭宋慶雲《春秋朔閏日食考》以《四分術》推之，得周正月朔日辛亥，則上年十二月也。五月朔庚戌，則此年四月也。十月朔丁丑，則此年九月也。又推得天正冬至在乙丑。

正月大辛巳朔　二月小辛亥朔　三月大庚辰朔　四月小庚戌朔　五月大己卯朔　六月小己酉朔　七月大戊寅朔　八月小戊申朔　九月大丁丑朔　十月大丁未朔　十一月小丁丑朔　十二月大丙午朔

《傳》："五月辛丑大叔出奔共。"二十三日。"十月庚申，改葬惠公。"十四日。

隱公二年庚申。建丑。

前年十二月廿三日戊辰冬至。是年有閏。按於曆應閏夏正六月。

正月小丙子朔　二月大乙巳朔　三月小乙亥朔　四月大甲辰朔　五月小甲戌朔　六月大癸卯朔　七月小癸酉朔　八月大壬寅

朔　九月大_{壬申朔}　十月小_{壬寅朔}　十一月大_{辛未朔}　十二月小_{辛丑朔}　閏十二月大_{庚午朔}

《經》："八月庚辰，公及戎盟於唐。"八月無庚辰，《經》誤。庚辰是七月八日。"十有二月乙卯，夫人子氏薨。"十五日。

隱公三年辛酉。建丑。

前年閏十二月初四日癸酉冬至。

正月小_{庚子朔}　二月大_{己巳朔}　三月小_{己亥朔}　四月大_{戊辰朔}　五月小_{戊戌朔}　六月大_{丁卯朔}　七月小_{丁酉朔}　八月大_{丙寅朔}　九月小_{丙申朔}　十月大_{乙丑朔}　十一月小_{乙未朔}　十二月大_{甲子朔}

《經》："二月己巳，日有食之。"不書朔，史官失之。"三月庚戌，天王崩。"十二日。"四月辛卯，君氏卒。"廿四日。"八月庚辰，宋公和卒。"十五日。"十有二月癸未，葬宋穆公。"二十日。

《傳》："三月壬戌，平王崩。"廿五日。"庚戌，鄭伯之車僨於濟。"十二月無庚戌，《傳》誤。

隱公四年壬戌。建丑。

前年十二月十六日己卯冬至。

正月大_{甲午朔}　二月小_{甲子朔}　三月大_{癸巳朔}　四月小_{癸亥朔}　五月大_{壬辰朔}　六月小_{壬戌朔}　七月大_{辛卯朔}　八月小_{辛酉}

朔　九月大庚寅朔　十月小庚申朔　十一月大己丑朔　十二月小
己未朔

《經》："戊申，衞州吁弑其君完。"二月無戊申。戊申，三月
十六日。或史官失書月也。

隱公五年癸亥。建丑。

前年十二月二十六日甲申冬至。是年有閏。

正月大戊子朔　二月小戊午朔　三月大丁亥朔　四月小丁巳
朔　五月大丙戌朔　六月大丙辰朔　七月小丙戌朔　八月大乙卯
朔　九月小乙酉朔　十月大甲寅朔　十一月小甲申朔　十二月大
癸丑朔　閏十二月小癸未朔

《經》："十有二月辛巳，公子彄卒。"二十九日。

隱公六年甲子。建丑。

前年閏十二月初七日己丑冬至。

正月大壬子朔　二月小壬午朔　三月大辛亥朔　四月小辛巳
朔　五月大庚戌朔　六月小庚辰朔　七月大己酉朔　八月小己卯
朔　九月大戊申朔　十月大戊寅朔　十一月小戊申朔　十二月大
丁丑朔

《經》："五月辛酉，公會齊侯，盟于艾。"十二日。

《傳》："五月庚申，鄭伯侵陳。"十一日。

隱公七年乙丑。建丑。

前年十二月十八日甲午冬至。是年有閏。

正月小丁未朔　二月大丙子朔　三月小丙午朔　四月大乙亥朔　五月小乙巳朔　六月大甲戌朔　七月小甲辰朔　八月大癸酉朔　九月小癸卯朔　十月大壬申朔　十一月小壬寅朔　十二月大辛未朔　閏十二月小辛丑朔

《傳》："七月庚申，盟於宿。"十七日。"十二月壬申，及鄭伯盟。"二日。"辛巳，及陳侯盟。"十一日。

隱公八年丙寅。建寅。

前年十二月三十日庚子冬至。

正月大庚午朔　二月大庚子朔　三月小庚午朔　四月大己亥朔　五月小己巳朔　六月大戊戌朔　七月小戊辰朔　八月大丁酉朔　九月小丁卯朔　十月大丙申朔　十一月小丙寅朔　十二月大乙未朔

《經》："三月庚寅，我入祊。"廿一日。"六月己亥，蔡侯考父卒。"二日。"辛亥，宿男卒。"十四日。"七月庚午，宋公、齊侯、衛侯盟于瓦屋。"三日。"九月辛卯，公及莒人盟于浮來。"二十五日。

《傳》："四月甲辰，鄭公子忽如陳逆婦媯。"六日。"辛亥，以媯氏歸。"十三日。"甲寅，入于鄭。"十六日。"丙戌，鄭伯以齊人朝王。"八月無丙戌，《傳》誤。

隱公九年丁卯。建丑。

前年十二月十一日乙巳冬至。

正月小乙丑朔　二月大甲午朔　三月小甲子朔　四月大癸巳
朔　五月小癸亥朔　六月大壬辰朔　七月大壬戌朔　八月小壬辰
朔　九月大辛酉朔　十月小辛卯朔　十一月大庚申朔　十二月小
庚寅朔

《經》："三月癸酉，大雨震電。"初十日。"庚辰，大雨雪。"
十七日。

《傳》："十一月甲寅，鄭人大敗戎師。"十一月無甲寅，
《傳》誤。

隱公十年戊辰。建丑。

前年十二月廿一日庚戌冬至。是年有閏。於曆法應
閏二月。

正月大己未朔　二月小己丑朔　三月大戊午朔　四月小戊子
朔　閏四月大丁巳朔　五月小丁亥朔　六月大丙辰朔　七月小丙戌
朔　八月大乙卯朔　九月小乙酉朔　十月大甲寅朔　十一月大甲申
朔　十二月小甲寅朔

《經》："六月壬戌，公敗宋師於菅。"七日。"辛未，取郜。"
十六日。"辛巳，取防。"廿六日。"十月壬午，齊人、鄭人入
郕。"廿九日。

《傳》："二月癸丑，盟於鄧。"廿五日。"六月戊申，公會齊

111

侯、鄭伯於老桃。"六月無戊申。"庚午，鄭師入郜。"十五日。
"庚辰，鄭師入防。"廿五日。"七月庚寅，鄭師入郊。"五日。
"八月壬戌，鄭伯圍戴。"八日。"癸亥，克之。"九日。"九月戊
寅，鄭伯入宋。"九月無戊寅，誤。

隱公十一年己巳。建丑。

前年十二月初二日乙卯冬至。

正月大癸未朔　二月小癸丑朔　三月大壬午朔　四月小壬子
朔　五月大辛巳朔　六月小辛亥朔　七月大庚辰朔　八月小庚戌
朔　九月大己卯朔　十月小己酉朔　十一月大戊寅朔　十二月小
戊申朔

《經》："七月壬午，公及齊侯、鄭伯入許。"三日。"十有一
月壬辰，公薨。"十五日。

《傳》："五月甲辰，授兵於大宮。"廿四日。"七月庚辰，傅
于許。"朔日。"十月壬戌，大敗宋師。"十四日。

桓公元年庚午。建丑。

前年十二月十三日辛酉冬至。

正月大丁丑朔　二月小丁未朔　三月大丙子朔　四月大丙午
朔　五月小丙子朔　六月小乙巳朔　七月小乙亥朔　八月大甲辰
朔　九月小甲戌朔　十月大癸卯朔　十一月大癸酉朔　十二月小
壬寅朔

《經》:"四月丁未,公及鄭伯盟於越。"二日。

桓公二年辛未。建丑。

前年十二月廿五日丙寅冬至。是年有閏。以曆法求之,應閏四月。

正月小壬申朔　二月大辛丑朔　三月小辛未朔　四月小庚子朔　五月小庚午朔　六月大己亥朔　七月小己巳朔　八月大戊戌朔　九月大戊辰朔　十月小戊戌朔　十一月大丁卯朔　十二月小丁酉朔　閏十二月大丙寅朔

《經》:"正月戊申,宋督弒其君與夷。"正月無戊申,《經》誤。"四月取郜大鼎於宋。戊申,納於大廟。"戊申,四月九日。

桓公三年壬申。建丑。

前年閏十二月初六日辛未冬至。

正月小丙申朔　二月大乙丑朔　三月小乙未朔　四月大甲子朔　五月小甲午朔　六月小癸亥朔　七月大壬辰朔[一]　八月大壬戌朔　九月小壬辰朔　十月大辛酉朔　十一月小辛卯朔　十二月大庚申朔

《經》:"七月壬辰朔,日有食之。"

桓公四年癸酉。建丑。

前年十二月十七日丙子冬至。

正月大_{庚寅}朔　二月小_{庚申}朔　三月大_{己丑}朔　四月小_{己未}朔　五月大_{戊子}朔　六月小_{戊午}朔　七月大_{丁亥}朔　八月小_{丁巳}朔　九月大_{丙戌}朔　十月小_{丙辰}朔　十一月大_{乙酉}朔　十二月小_{乙卯}朔

桓公五年甲戌。建丑。

前年十二月二十八日壬午冬至。是年有閏。

正月大_{甲申}朔　二月小_{甲寅}朔　三月大_{癸未}朔　四月小_{癸丑}朔　五月大_{壬午}朔　六月大_{壬子}朔　七月小_{壬午}朔　八月大_{辛亥}朔　九月小_{辛巳}朔　十月大_{庚戌}朔　十一月小_{庚辰}朔　十二月大_{己酉}朔[二]　閏十二月小_{己卯}朔

《經》:"正月己丑,陳侯鮑卒。"六日。正月無甲戌,應在誤文。

桓公六年乙亥。建丑。

前年閏十二月九日丁亥冬至。

正月大_{戊申}朔　二月小_{戊寅}朔　三月大_{丁未}朔　四月小_{丁丑}朔　五月大_{丙午}朔　六月小_{丙子}朔　七月大_{乙巳}朔　八月小_{乙亥}朔　九月大_{甲辰}朔　十月大_{甲戌}朔　十一月小_{甲辰}朔　十二月大

癸酉朔

《經》："八月壬午，大閱。"八日。"九月丁卯，子同生。"廿四日。

桓公七年丙子。建丑。

前年十二月二十日壬辰冬至。是年有閏。

正月小癸卯朔　二月大壬申朔　三月小壬寅朔　四月大辛未朔　五月小辛丑朔　六月大庚午朔　七月小庚子朔　八月大己巳朔　九月小己亥朔　十月大戊辰朔　十一月小戊戌朔　十二月大丁卯朔　閏十二月小丁酉朔

《經》："二月己亥，焚咸邱。"廿八日。

桓公八年丁丑。建丑。

前年閏十二月初一日丁酉冬至。

正月大丙寅朔　二月大丙申朔　三月小丙寅朔　四月大乙未朔　五月小乙丑朔　六月大甲午朔　七月小甲子朔　八月大癸巳朔　九月小癸亥朔　十月大壬辰朔　十一月小壬戌朔　十二月大辛卯朔

《經》："正月己卯，烝。"十四日。"五月丁丑，烝。"十三日。

桓公九年戊寅。建丑。

前年十二月十二日壬寅冬至。

正月小辛酉朔　二月大庚寅朔　三月小庚申朔　四月大己丑朔　五月小己未朔　六月大戊子朔　七月大戊午朔　八月小戊子朔　九月大丁巳朔　十月小丁亥朔　十一月大丙辰朔　十二月小丙戌朔

桓公十年己卯。建丑。

前年十二月廿三日戊申冬至。是年有閏。

正月大乙卯朔　二月小乙酉朔　三月大甲寅朔　四月小甲申朔　五月大癸丑朔　六月小癸未朔　七月大壬子朔　八月小壬午朔　九月大辛亥朔　十月小辛巳朔　十一月大庚戌朔　十二月大庚辰朔　閏十二月小庚戌朔

《經》："正月庚申，曹伯終生卒。"六日。"十有二月丙午，齊侯、衛侯、鄭伯來戰於郎。"廿七日。

桓公十一年庚辰。建丑。

前年閏十二月四日癸丑冬至。

正月大己卯朔　二月小己酉朔　三月大戊寅朔　四月小戊申朔　五月大丁丑朔　六月小丁未朔　七月大丙子朔　八月小丙午朔　九月大乙亥朔　十月小乙巳朔　十一月大甲戌朔　十二月小甲辰朔

《經》："五月癸未，鄭伯寤生卒。"七日。

《傳》："九月丁亥，昭公奔衛。"十三日。"己亥，厲公立。"

廿五日。

桓公十二年辛巳建丑

前年十二月十五日戊午冬至。是年有閏。

正月大癸酉朔　二月小癸卯朔　三月大壬申朔　四月大壬寅朔　五月小壬申朔　六月大辛丑朔　七月小辛未朔　八月大庚子朔　九月小庚午朔　十月大己亥朔　十一月小己巳朔　十二月大戊戌朔　閏十二月小戊辰朔

《經》：“六月壬寅，公會杞侯、莒子，盟於曲池。”二日。“七月丁亥，公會宋公、燕人，盟於穀邱。”十七日。“八月壬辰，陳侯躍卒。”八月無壬辰，誤。“十有一月丙戌，公會鄭伯，盟于武父。”十八日。“十有二月丁未，戰于宋。”十日。

桓公十三年壬午。建寅。

前年十二月二十六日癸亥冬至。據《經》則前年有閏。此年以建寅爲歲首。

正月大丁酉朔　二月小丁卯朔　三月大丙申朔　四月小丙寅朔　五月大乙未朔　六月小乙丑朔　七月大甲午朔　八月大甲子朔　九月小甲午朔　十月大癸亥朔　十一月小癸巳朔　十二月大壬戌朔

《經》：“二月己巳，及齊侯、宋公、衛侯、燕人戰。”三日。

桓公十四年癸未。建丑。

前年十二月八日己巳冬至。

正月小_{壬辰}朔　二月大_{辛酉}朔　三月小_{辛卯}朔　四月大_{庚申}朔　五月小_{庚寅}朔　六月大_{己未}朔　七月小_{己丑}朔　八月大_{戊午}朔　九月小_{戊子}朔　十月大_{丁巳}朔　十一月小_{丁亥}朔　十二月大_{丙辰}朔

《經》:"八月壬申,御廩災。"十五日。"乙亥,嘗。"十八日。"十有二月丁巳,齊侯祿父卒。"二日。

桓公十五年甲申。建丑。

前年十二月十九日甲戌冬至。

正月大_{丙戌}朔　二月小_{丙辰}朔　三月大_{乙酉}朔　四月小_{乙卯}朔　五月大_{甲申}朔　六月小_{甲寅}朔　七月大_{癸未}朔　八月小_{癸丑}朔　九月大_{壬午}朔　十月小_{壬子}朔　十一月大_{辛巳}朔　十二月小_{辛亥}朔

《經》:"三月乙未,天王崩。"十一日。"四月己巳,葬齊僖公。"十五日。

《傳》:"六月乙亥,昭公入"。廿二日。

桓公十六年乙酉。建子。

前年十二月二十九日己卯冬至。是年有閏。按自桓三年七月交食至此,應置五閏。以《經》《傳》日月較之,恰是五閏。故仍先夏正一月。蓋天象之與聖經俱符若此。

正月大庚辰朔　二月小庚戌朔　三月大己卯朔　四月小己酉朔　五月大戊寅朔　六月大戊申朔　七月小戊寅朔　八月大丁未朔　九月小丁丑朔　十月大丙午朔　十一月小丙子朔　十二月大乙巳朔　閏十二月小乙亥朔

桓公十七年丙戌。建丑。

前年閏十二月十日甲申冬至。

正月大甲辰朔　二月小甲戌朔　三月大癸卯朔　四月小癸酉朔　五月大壬寅朔　六月小壬申朔　七月大辛巳朔　八月小辛未朔　九月大庚子朔　十月大庚午朔　十一月小庚子朔　十二月大己巳朔

《經》:"正月丙辰,公會齊侯、紀侯,盟於黃。"十三日。"二月丙午,公會邾儀父,盟于趡。"二月無丙午,誤。"五月丙午,及齊師戰於奚。"五日。"六月丁丑,蔡侯封人卒。"六日。"八月癸巳,葬蔡桓公。"廿三日。"十月朔,日有食之。"史官失書甲子。推得庚午朔。

《傳》:"辛卯,弒昭公。"辛卯,十月二十二日。

桓公十八年丁亥。建丑。

前年十二月廿二日庚寅冬至。

正月小己亥朔　二月大戊辰朔　三月小戊戌朔　四月大丁卯朔　五月小丁酉朔　六月大丙寅朔　七月小丙申朔　八月大乙丑朔　九月小乙未朔　十月大甲子朔　十一月小甲午朔　十二月大癸亥朔

《經》："四月丙子,公薨於齊。"十日。"丁酉,公之喪至自齊。"丁酉,五月朔日。"十有二月己丑,葬我君桓公。"廿七日。

《傳》："七月,戊戌,齊人殺子亹。"三日。

莊公元年戊子。建子。

正月初三日乙未冬至。是年有閏。

正月小癸巳朔　二月大壬戌朔　三月大壬辰朔　四月小壬戌朔　五月大辛卯朔　六月小辛酉朔　七月大庚寅朔　八月小庚申朔　九月大己丑朔　十月小己未朔　十一月大戊子朔　十二月小戊午朔[三]　閏十二月大丁亥朔

《經》："十月乙亥,陳侯林卒。"十七日

莊公二年己丑。建丑。

前年閏十二月十四日庚子冬至。

正月小丁巳朔　二月大丙戌朔　三月小丙辰朔　四月大乙酉朔　五月小乙卯朔　六月大甲申朔　七月大甲寅朔　八月小甲申朔　九月大癸丑朔　十月小癸未朔　十一月大壬子朔　十二月小壬午朔

《經》："十有二月乙酉，宋公馮卒。"四日。

莊公三年庚寅。建丑。

前年十二月廿四日乙巳冬至。是年有閏。

正月大辛亥朔　二月小辛巳朔　三月大庚戌朔　四月小庚辰朔　五月大己酉朔　六月小己卯朔　七月大戊申朔　八月小戊寅朔　九月大丁未朔　十月小丁丑朔　十一月大丙午朔　十二月大丙子朔　閏十二月小丙午朔

莊公四年辛卯。建丑。

前年閏十二月六日辛亥冬至。

正月大乙亥朔　二月小乙巳朔　三月大甲戌朔　四月小甲辰朔　五月大癸酉朔　六月小癸卯朔　七月大壬申朔　八月小壬寅朔　九月大辛未朔　十月小辛丑朔　十一月大庚午朔　十二月小庚子朔

《經》："六月乙丑，齊侯葬紀伯姬。"廿三日。

莊公五年壬辰。建丑。

前年十二月十七日丙辰冬至。

正月大己巳朔　二月小己亥朔　三月大戊辰朔　四月大戊戌

121

朔　五月小_{戊辰}朔　六月大_{丁酉}朔　七月小_{丁卯}朔　八月大_{丙申}朔　九月小_{丙寅}朔　十月大_{乙未}朔　十一月小_{乙丑}朔　十二月大_{甲午}朔

莊公六年癸巳。建丑。

前年十二月廿八日辛酉冬至。

正月小_{甲子}朔　二月大_{癸巳}朔　三月小_{癸亥}朔　四月大_{壬辰}朔　五月小_{壬戌}朔　六月大_{辛卯}朔　七月小_{辛酉}朔　八月大_{庚寅}朔　九月大_{庚申}朔　十月小_{庚寅}朔　十一月大_{己未}朔　十二月小_{己丑}朔

莊公七年甲午。建子。

正月九日丙寅冬至。是年有閏。

正月大_{戊午}朔　二月小_{戊子}朔　三月大_{丁巳}朔　四月小_{丁亥}朔　五月大_{丙辰}朔　六月小_{丙戌}朔　七月大_{乙卯}朔　八月小_{乙酉}朔　九月大_{甲寅}朔　十月小_{甲申}朔　十一月大_{癸丑}朔　十二月大_{癸未}朔　閏十二月小_{癸丑}朔

《經》："四月辛卯,夜,恒星不見。"五日。

莊公八年乙未。建丑。

前年閏十二月二十日壬申冬至。

正月大壬午朔　二月小壬子朔　三月大辛巳朔　四月小辛亥
朔　五月大庚辰朔　六月小庚戌朔　七月大己卯朔　八月小己酉
朔　九月大戊寅朔　十月小戊申朔　十一月大丁丑朔　十二月小
丁未朔

《經》：“甲午，治兵。”甲午，正月十三日。“十有一月癸未，
齊無知弒其君諸兒。”七日。杜預《長曆》推爲六日。《傳》繫之
十二月，誤。

莊公九年丙申。建子。

正月朔日丁丑冬至。是年有閏。

正月小丁丑朔　二月大丙午朔　三月小丙子朔　四月大乙巳
朔　五月小乙亥朔　六月大甲辰朔　七月小甲戌朔　八月大癸卯
朔　九月小癸酉朔　十月大壬寅朔　十一月小壬申朔　十二月大
辛丑朔　閏十二月小辛未朔

《經》：“七月丁酉，葬齊襄公。”廿四日。“八月庚申，及齊
師戰于乾時。”十八日。

莊公十年丁酉。建丑。

前年閏十二月十二日壬午冬至。

正月大庚子朔　二月小庚午朔　三月大己亥朔　四月大己巳
朔　五月小己亥朔　六月大戊辰朔　七月小戊戌朔　八月大丁卯
朔　九月小丁酉朔　十月大丙寅朔　十一月小丙申朔　十二月大

乙丑朔

莊公十一年戊戌。建丑。

前年十二月廿三日丁亥冬至。是年有閏。如欲合《經》五月之戊寅,則歲終之閏移置於四月後。

正月小乙未朔　二月大甲子朔　三月小甲午朔　四月大癸亥朔　閏四月小癸巳朔　五月大壬戌朔　六月小壬辰朔　七月大辛酉朔　八月大辛卯朔　九月小辛酉朔　十月大庚寅朔　十一月小庚申朔　十二月大己丑朔

《經》:"五月戊寅,公敗宋師於鄑。"十七日。

莊公十二年己亥。建丑。

前年十二月五日癸巳冬至。

正月小己未朔　二月大戊子朔　三月小戊午朔　四月大丁亥朔　五月小丁巳朔　六月大丙戌朔　七月小丙辰朔　八月大乙酉朔　九月小乙卯朔　十月大甲申朔　十一月小甲寅朔　十二月大癸未朔

《經》:"八月甲午,宋萬弒其君捷。"十日。

莊公十三年庚子。建丑。

前年十二月十六日戊戌冬至。

　　正月大癸丑朔　　二月小癸未朔　　三月大壬子朔　　四月小壬午
朔　五月大辛亥朔　　六月小辛巳朔　　七月大庚戌朔　　八月小庚辰
朔　九月大己酉朔　　十月小己卯朔　　十一月大戊申朔　　十二月小
戊寅朔

莊公十四年辛丑。建丑。

　　前年十二月廿六日癸卯冬至。是年有閏。欲合《傳》
六月之甲子,可移歲終之閏置五月後。

　　正月大丁未朔　　二月小丁丑朔　　三月大丙午朔　　四月大丙子
朔　五月小丙午朔　　閏五月大乙亥朔　　六月小乙巳朔　　七月大甲戌
朔　八月小甲辰朔　　九月大癸酉朔　　十月小癸卯朔　　十一月大壬申
朔　十二月小壬寅朔
　　《傳》:"六月甲子,傅瑕殺鄭子。"二十日。

莊公十五年壬寅。建丑。

　　前年十二月七日戊申冬至。

　　正月大辛未朔　　二月小辛丑朔　　三月大庚午朔　　四月小庚子
朔　五月大己巳朔　　六月小己亥朔　　七月大戊辰朔　　八月大戊戌
朔　九月小戊辰朔　　十月大丁酉朔　　十一月小丁卯朔　　十二月大
丙申朔

莊公十六年癸卯。建丑。

前年十二月十九日甲寅冬至。

正月小丙寅朔　二月大乙未朔　三月小乙丑朔　四月大甲午朔　五月小甲子朔　六月大癸巳朔　七月小癸亥朔　八月大壬辰朔　九月小壬戌朔　十月大辛卯朔　十一月大辛酉朔　十二月小辛卯朔

莊公十七年甲辰。建丑。

前年十二月廿九日己未冬至。是年有閏。

正月大庚申朔　二月小庚寅朔　三月大己未朔　四月小己丑朔　五月大戊午朔　六月小戊子朔　七月大丁巳朔　八月小丁亥朔　九月大丙辰朔　十月小丙戌朔　十一月大乙卯朔　十二月小乙酉朔　閏十二月大甲寅朔

莊公十八年乙巳。建丑。

前年閏十二月十一日甲子冬至。

正月大甲申朔　二月小甲寅朔　三月大癸未朔　四月小癸丑朔　五月大壬午朔　六月小壬子朔　七月大辛巳朔　八月小辛亥朔　九月大庚辰朔　十月小庚戌朔　十一月大己卯朔　十二月小己酉朔

《經》："春王三月，日有食之。"按此月無日食。四月壬子朔入食限，實在三月之晦。黃黎洲推得合朔癸丑。辰在未。

莊公十九年丙午。建丑。

前年十二月廿一日己巳冬至。

正月大戊寅朔　二月小戊申朔　三月大丁丑朔　四月大丁未朔　五月小丁丑朔　六月大丙午朔　七月小丙子朔　八月大乙巳朔　九月小乙亥朔　十月大甲辰朔　十一月小甲戌朔　十二月大癸卯朔

《傳》："六月庚申，楚子卒。"十五日。

莊公二十年丁未。建子。

正月三日乙亥冬至。是年有閏。

正月小癸酉朔　二月大壬寅朔　三月小壬申朔　四月大辛丑朔　五月小辛未朔　六月大庚子朔　七月小庚午朔　八月大己亥朔　九月大己未朔　十月小己亥朔　十一月大戊辰朔　十二月小戊戌朔　閏十二月大丁卯朔

莊公二十一年戊申。建丑。

前年閏十二月十四日庚辰冬至。

正月小丁酉朔　二月大丙寅朔　三月小丙申朔　四月大乙丑朔　五月小乙未朔　六月大甲子朔　七月小甲午朔　八月大癸亥朔　九月小癸巳朔　十月大壬戌朔　十一月小壬辰朔　十二月大辛酉朔

《經》："五月辛酉，鄭伯突卒。"廿七日。"七月戊戌，夫人姜氏薨。"五日。

莊公二十二年己酉。建丑。

前年十二月廿五日乙酉冬至。

正月大辛卯朔　二月小辛酉朔　三月大庚寅朔　四月小庚申朔　五月大己丑朔　六月小己未朔　七月大戊子朔　八月小戊午朔　九月大丁亥朔　十月小丁巳朔　十一月大丙戌朔　十二月小丙辰朔

《經》："正月癸丑，葬我小君文姜。"廿三日。"七月丙申，及齊高傒盟于防。"九日。

莊公二十三年庚戌。建子。

正月六日庚寅冬至。是年有閏。

正月大乙酉朔　二月小乙卯朔　三月大甲申朔　四月小甲寅朔　五月大癸未朔　六月大癸丑朔　七月小癸未朔　八月大壬子朔　九月小壬午朔　十月大辛亥朔　十一月小辛巳朔　十二月大庚戌朔　閏十二月小庚辰朔

《經》："十有二月甲寅，公會齊侯，盟於扈。"五日。

《傳》（文十七年《傳》）："六月壬申，朝於齊。"二十日[四]。

莊公二十四年辛亥。建丑。

前年閏十二月十六日乙未冬至。

正月大己酉朔　二月小己卯朔　三月大戊申朔　四月小戊寅朔　五月大丁未朔　六月小丁丑朔　七月大丙午朔　八月小丙子朔　九月大乙巳朔　十月大乙亥朔　十一月小乙巳朔　十二月大甲戌朔

《經》："八月丁丑，夫人姜氏入。"二日。"戊寅，大夫宗婦覿，用幣。"三日。

莊公二十五年壬子。建丑。

前年十二月二十八日辛丑冬至。

正月小甲辰朔　二月大癸酉朔　三月小癸卯朔　四月大壬申朔　五月小壬寅朔　六月大辛未朔　七月小辛丑朔　八月大庚午朔　九月小庚子朔　十月大己巳朔　十一月小己亥朔　十二月大戊辰朔

《經》："五月癸丑，衛侯朔卒。"十二日。"六月辛未朔，日有食之。"

《傳》（文十七年《傳》）："二月壬戌，爲齊侵蔡。"二月無壬戌[五]。

莊公二十六年癸丑。建子。

正月九日丙午冬至。是年有閏。

正月大_{戊戌朔}[六]　二月小_{戊辰朔}　三月大_{丁酉朔}　四月小_{丁卯朔}　五月大_{丙申朔}　六月小_{丙寅朔}　七月大_{乙未朔}　八月小_{乙丑朔}　九月大_{甲午朔}　十月小_{甲子朔}　十一月大_{癸巳朔}　十二月小_{癸亥朔}　閏十二月大_{壬辰朔}

《經》："十有二月癸亥朔，日有食之。"

莊公二十七年甲寅。建丑。

前年閏十二月二十日辛亥冬至。

正月小_{壬戌朔}　二月大_{辛卯朔}　三月小_{辛酉朔}　四月大_{庚寅朔}　五月大_{庚申朔}　六月小_{庚寅朔}　七月大_{己未朔}　八月小_{己丑朔}　九月大_{戊午朔}　十月小_{戊子朔}　十一月大_{丁巳朔}　十二月小_{丁亥朔}

莊公二十八年乙卯。建子。

正月朔日丙辰冬至。是年有閏。

正月大_{丙辰朔}　二月小_{丙戌朔}　三月大_{乙卯朔}　四月小_{乙酉朔}　五月大_{甲寅朔}　六月小_{甲申朔}　七月大_{癸丑朔}　八月小_{癸未朔}　九月大_{壬子朔}　十月小_{壬午朔}　十一月大_{辛亥朔}　十二月大

辛巳朔　閏十二月小辛亥朔

《經》："三月甲寅，齊人伐衛。"三月無甲寅。"四月丁未，邾子瑣卒。"廿三日。

莊公二十九年丙辰。建丑。

前年閏十二月十二日壬戌冬至。

正月大庚辰朔　二月小庚戌朔　三月大己卯朔　四月小己酉朔　五月大戊寅朔　六月小戊申朔　七月大丁丑朔　八月小丁未朔　九月大丙子朔　十月小丙午朔　十二月大乙亥朔　十二月小乙巳朔

莊公三十年丁巳。建丑。

前年十二月二十三日丁卯冬至。

正月大甲戌朔　二月小甲辰朔　三月大癸酉朔　四月小癸卯朔　五月大壬申朔　六月小壬寅朔　七月大辛未朔　八月小辛丑朔　九月大庚午朔　十月大庚子朔　十一月小庚午朔　十二月大己亥朔

《經》："八月癸亥，葬紀叔姬。"廿三日。"九月庚午朔，日有食之。"

《傳》："四月丙辰，虢公入樊。"十四日。

莊公三十一年戊午。建子。

正月四日壬申冬至。是年有閏。

正月小己巳朔　二月大戊戌朔　三月小戊辰朔　四月大丁酉朔　五月小丁卯朔　六月大丙申朔　七月大丙寅朔　八月小丙申朔　九月大乙丑朔　十月小乙未朔　十一月大甲子朔　十二月小甲午朔　閏十二月大癸亥朔

莊公三十二年己未。建丑。

前年閏十二月十五日丁丑冬至。

正月小癸巳朔　二月大壬戌朔　三月小壬辰朔　四月大辛酉朔　五月小辛卯朔　六月大庚申朔　七月小庚寅朔　八月大己未朔　九月小己丑朔　十月大戊午朔　十一月大戊子朔　十二月小戊午朔

《經》："七月癸巳，公子牙卒。"四日。"八月癸亥，公薨於路寢。"五日。"十月己未，子般卒。"二日。

閔公元年庚申。建丑。

前年十二月廿六日癸未冬至。

正月大丁亥朔　二月小丁巳朔　三月大丙戌朔　四月小丙辰朔　五月大乙酉朔　六月小乙卯朔　七月大甲申朔　八月小甲寅朔　九

月大癸未朔　十月小癸丑朔　十一月大壬午朔　十二月大壬子朔

《經》:"六月辛酉,葬我君莊公。"七日。

閔公二年辛酉。建子。

正月七日戊子冬至。是年有閏。

正月小壬午朔　二月大辛亥朔　三月小辛巳朔　四月大庚戌
朔　五月小庚辰朔　閏五月大己酉朔　六月小己卯朔　七月大戊申
朔　八月小戊寅朔　九月大丁未朔　十月小丁丑朔　十一月大丙午
朔　十二月小丙子朔

《經》:"五月乙酉,吉禘於莊公。"六日。"八月辛丑,公
薨。"廿四日。

僖公元年壬戌。建丑。

前年十二月十八日癸巳冬至。是年有閏。

正月大乙巳朔　二月大乙亥朔　三月小乙巳朔　四月大甲戌
朔　五月小甲辰朔　六月大癸酉朔　七月小癸卯朔　八月大壬申
朔　九月小壬寅朔　十月大辛未朔　十一月小辛丑朔　閏十一月
大庚午朔　十二月小庚子朔

《經》:"七月戊辰,夫人姜氏薨於夷。"廿六日。"十月壬
午,公子友帥師敗莒師於酈。"十二日。"十有二月丁巳,夫人
氏之喪至自齊。"十八日。

僖公二年癸亥。建寅。

前年閏十一月廿九日戊戌冬至。

正月大己巳朔　二月小己亥朔　三月大戊辰朔　四月大戊戌朔　五月小戊辰朔　六月大丁酉朔　七月小丁卯朔　八月大丙申朔　九月小丙寅朔　十月大乙未朔　十一月小乙丑朔　十二月大甲午朔

《經》："五月辛巳，葬我小君哀姜。"十四日。

僖公三年甲子。建丑。

前年十二月十一日甲辰冬至。

正月小甲子朔　二月大癸巳朔　三月小癸亥朔　四月大壬庚朔　五月小壬戌朔　六月大辛卯朔　七月小辛酉朔　八月大庚寅朔　九月大庚申朔　十月小庚寅朔　十一月大己未朔　十二月小己丑朔

僖公四年乙丑。建丑。

前年十二月廿一日己酉冬至。推算者謂是年應置閏八月。

正月大戊午朔　二月小戊子朔　三月大丁巳朔　四月小丁亥朔　五月大丙辰朔　六月小丙戌朔　七月大乙卯朔　八月小乙酉

朔　九月大_{甲寅}朔　十月小_{甲申}朔　十一月大_{癸丑}朔　十二月小
癸未朔

《傳》："太子奔新城。十二月戊申，縊。"二十六日。

僖公五年丙寅。建子。

正月三日甲寅冬至。

正月大_{壬子}朔　二月小_{壬午}朔　三月大_{辛亥}朔　四月小_{辛巳}
朔　五月大_{庚戌}朔　六月小_{庚辰}朔　七月大_{己酉}朔　八月小_{己卯}
朔　九月大_{戊申}朔　十月小_{戊寅}朔　十一月大_{丁未}朔　十二月大
丁丑朔

《經》："九月戊申朔，日有食之。"

《傳》："正月辛亥朔，日南至。"辛亥在前年十二月晦。"八
月甲午，晉侯圍上陽。"十六日。或曰"晉用夏正"，乃在十月十
七日。"丙子旦。"在十一月晦。周之十一月，乃夏之九月也。

僖公六年丁卯。建子。

正月十三日己未冬至。

正月小_{丁未}朔　二月大_{丙子}朔　三月小_{丙午}朔　四月大_{乙亥}
朔　五月大_{乙巳}朔　六月小_{乙亥}朔　七月大_{甲辰}朔　八月小_{甲戌}
朔　九月大_{癸卯}朔　十月小_{癸酉}朔　十一月大_{壬寅}朔　十二月小
壬申朔

僖公七年戊辰。建子。

正月二十五日乙丑冬至。是年有閏。案是年閏餘十四，於法應閏十月。

正月大_{辛丑}朔　二月小_{辛未}朔　三月大_{庚子}朔　四月小_{庚午}朔　五月大_{己亥}朔　六月小_{己巳}朔　七月大_{戊戌}朔　八月小_{戊辰}朔　九月大_{丁酉}朔　十月小_{丁卯}朔　十一月大_{丙申}朔　十二月大_{丙寅}朔　閏十二月小_{丙申}朔

《傳》："閏月，惠王崩。"

僖公八年己巳。建子。

正月六日庚午冬至。

正月大_{乙丑}朔　二月小_{乙未}朔　三月大_{甲子}朔　四月小_{甲午}朔　五月大_{癸亥}朔　六月小_{癸巳}朔　七月大_{壬戌}朔　八月小_{壬辰}朔　九月大_{辛酉}朔　十月大_{辛卯}朔　十一月小_{辛酉}朔　十二月大_{庚寅}朔

《經》："十有二月丁未，天王崩。"十八日。

僖公九年庚午。建子。

正月十六日乙亥冬至。是年有閏。

正月小_{庚申}朔　二月大_{己丑}朔　三月小_{己未}朔　四月大_{戊子}

朔　五月小^{戊午}朔　六月大^{丁亥}朔　七月小^{丁巳}朔　八月大^{丙戌}朔　九月小^{丙辰}朔　十月大^{乙酉}朔　十一月小^{乙卯}朔　十二月大^{甲申}朔　閏十二月大^{甲寅}朔

《經》："三月丁丑,宋公御説卒。"十九日。"七月乙酉,伯姬卒。"是月之晦日。"九月戊辰,諸侯盟於葵邱。"十三日。"甲子,晉侯詭諸卒。"當在十一月十日。晉用夏正故也。

僖公十年辛未。建丑。

前年閏十二月廿七日庚辰冬至。

正月小^{甲申}朔　二月大^{癸丑}朔　三月小^{癸未}朔　四月大^{壬子}朔　五月小^{壬午}朔　六月大^{辛亥}朔　七月小^{辛巳}朔　八月大^{庚戌}朔　九月小^{庚辰}朔　十月大^{己酉}朔　十一月小^{己卯}朔　十二月大^{戊申}朔

僖公十一年壬申。建子。

正月九日丙戌冬至。是年有閏。

正月小^{戊寅}朔　二月大^{丁未}朔　三月大^{丁丑}朔　四月小^{丁未}朔　五月大^{丙子}朔　六月小^{丙午}朔　七月大^{乙亥}朔　八月小^{乙巳}朔　九月大^{甲戌}朔　十月小^{甲辰}朔　十一月大^{癸酉}朔　十二月小^{癸卯}朔　閏十二月大^{壬申}朔

僖公十二年癸酉。建丑。

前年閏十二月二十日辛卯冬至。於曆法本年應閏九月。

正月小壬寅朔　二月大辛未朔　三月小辛丑朔　四月大庚午朔　五月大庚子朔　六月小庚午朔　七月大己亥朔　八月小己巳朔　九月大戊戌朔　十月小戊辰朔　十一月大丁酉朔　十二月小丁卯朔

《經》:"春,王三月庚午,日有食之。"按三月無日食,四月庚午朔,日有食之。史官不書朔,或以爲食晦。豈以今曆四月之朔,乃即春秋三月之晦歟?"十有二月丁丑,陳侯杵臼卒。"十一日。

僖公十三年甲戌。建子。

正月元日丙申冬至。是年有閏。

正月大丙申朔　二月小丙寅朔　三月大乙未朔　四月小乙丑朔　五月大甲午朔　六月小甲子朔　七月大癸巳朔　八月小癸亥朔　九月大壬辰朔　十月小壬戌朔　十一月大辛卯朔　十二月小辛酉朔　閏十二月大庚寅朔

僖公十四年乙亥。建丑。

前年閏十二月十二日辛丑冬至。

正月大庚申朔　二月小庚寅朔　三月大己未朔　四月小己丑
朔　五月大戊午朔　六月小戊子朔　七月大丁巳朔　八月小丁亥
朔　九月大丙辰朔　十月小丙戌朔　十一月大乙卯朔　十二月小
乙酉朔

《經》："八月辛卯，沙鹿崩。"五日。

僖公十五年丙子。建丑。

前年十二月廿三日丁未冬至。以曆法推之，本年應
閏六月。

正月大甲寅朔　二月小甲申朔　三月大癸丑朔　四月小癸未
朔　五月大壬子朔　六月小壬午朔　七月大辛亥朔　八月小辛巳
朔　九月大庚戌朔　十月小庚辰朔　十一月大己酉朔　十二月小
己卯朔[七]

《經》："夏五月，日有食之。"今按五月爲壬子朔，並無日
食。應在誤條。惟古術謂二月甲申朔，入食限。或《經》文誤
二爲五歟。"九月己卯晦，震夷伯之廟。"三十日。"十有一月
壬戌，晉侯及秦伯戰於韓。"十四日。

《傳》："十一月，晉侯歸。丁丑，殺慶鄭而後入。"二十
九日。

僖公十六年丁丑。建子。

正月四日壬子冬至。

正月大_{戊申朔} 二月大_{戊寅朔} 三月小_{戊申朔} 四月大_{丁丑}朔 五月小_{丁未朔} 六月大_{丙子朔} 七月小_{丙午朔} 八月大_{乙亥}朔 九月小_{乙巳朔} 十月大_{甲戌朔} 十一月小_{甲辰朔} 十二月大_{癸酉朔}[八]

《經》："正月戊申朔，隕石於宋五。"按曆家推，此年正月爲己酉朔。戊申乃前年十二月晦也。"三月壬申，公子季友卒。"廿五日。"四月丙申，鄫[九]季姬卒。"二十日。"七月甲子，公孫玆卒。"十九日。

《傳》："十一月乙卯，鄭殺子華。"十二日。

僖公十七年戊寅。建子。

正月十五日丁巳冬至。是年有閏。

正月大_{癸卯朔} 二月小_{癸酉朔} 三月大_{壬寅朔} 四月小_{壬申}朔 五月大_{辛丑朔} 六月小_{辛未朔} 七月大_{庚子朔} 八月小_{庚午}朔 九月大_{己亥朔} 十月小_{己巳朔} 十一月大_{戊戌朔} 十二月小_{戊辰朔} 閏十二月大_{丁酉朔}

《經》："十有二月乙亥，齊侯小白卒。"八日。

《傳》："十月乙亥，齊桓公卒。"七日。"十二月辛巳，殯。"十四日。

僖公十八年己卯。建丑。

前年閏十二月廿六日壬戌冬至。

正月大丁卯朔　二月小丁酉朔　三月大丙寅朔　四月小丙申朔　五月大乙丑朔　六月小乙未朔　七月大甲子朔　八月小甲午朔　九月大癸亥朔　十月小癸巳朔　十一月大壬戌朔　十二月小壬辰朔

《經》:"五月戊寅,宋師及齊師戰于甗。"十四日。"八月丁亥,葬齊桓公。"八月無丁亥。誤。

僖公十九年庚辰。建子。

正月八日戊辰冬至。是年有閏。

正月大辛酉朔　二月小辛卯朔　三月大庚申朔　四月小庚寅朔　五月大己未朔　六月小己丑朔　七月大戊午朔　八月小戊子朔　九月大丁巳朔　十月小丁亥朔　十一月大丙辰朔　十二月小丙戌朔　閏十二月大乙卯朔

《經》:"六月己酉,邾人執鄫子用之。"廿一日。

僖公二十年辛巳。建丑。

前年閏十二月十九日癸酉冬至。

正月大乙酉朔　二月小乙卯朔　三月大甲申朔　四月小甲寅朔　五月大癸未朔　六月小癸丑朔　七月大壬午朔　八月小壬子朔　九月大辛巳朔　十月小辛亥朔　十一月大庚辰朔　十二月小庚戌朔

《經》:"五月乙巳,西宮災。"廿三日。

僖公二十一年壬午。建丑。

前年十二月廿九日戊寅冬至。

正月大己卯朔　二月小己酉朔　三月大戊寅朔　四月大戊申朔　五月小戊寅朔　六月大丁未朔　七月小丁丑朔　八月大丙午朔　九月小丙子朔　十月大乙巳朔　十一月小乙亥朔　十二月大甲辰朔

《經》："十有二月癸丑，公會諸侯盟於薄。"十日。

僖公二十二年癸未。建子。

正月初十日癸未冬至。

正月小甲戌朔　二月大癸卯朔　三月小癸酉朔　四月大壬寅朔　五月小壬申朔　六月大辛丑朔　七月小辛未朔　八月大庚子朔　九月小庚午朔　十月大己亥朔　十一月大己巳朔　十二月小己亥朔

《經》："八月丁未，及邾人戰于升陘。"八日。"十有一月己巳朔，宋公及楚人戰于泓。"

《傳》："十一月丙子晨，鄭文夫人羋氏、姜氏勞楚子于柯澤。"八日。"丁丑，楚子入享于鄭。"九日。

僖公二十三年甲申。建子。

正月廿一日戊子冬至。是年有閏。

正月大_{戊辰朔}　二月小_{戊戌朔}　三月大_{丁卯朔}　四月小_{丁酉}
朔　五月大_{丙寅朔}　六月小_{丙申朔}　七月大_{乙丑朔}　八月小_{乙未}
朔　九月大_{甲子朔}　十月小_{甲午朔}　十一月大_{癸亥朔}　十二月小
_{癸巳朔}　閏十二月大_{壬戌朔}

《經》："五月庚寅，宋公茲父卒。"廿五日。

僖公二十四年乙酉。建子。

正月三日甲午冬至。

正月小_{壬辰朔}　二月大_{辛酉朔}　三月小_{辛卯朔}　四月大_{庚申}
朔　五月小_{庚寅朔}　六月大_{己未朔}　七月大_{己丑朔}　八月小_{己未}
朔　九月大_{戊子朔}　十月小_{戊午朔}　十一月大_{丁亥朔}　十二月大
_{丁巳朔}

《傳》："二月甲午，晉師軍於廬柳。"二月無甲午。以下並
差一月。前年之閏應移於此年歲終則合矣。然連年置閏，既
無此曆法，而不閏又失二十六年正月之己未。故甯違《傳》以
從《經》。且晉用夏正，《傳》書日月或有誤耳。

僖公二十五年丙戌。建子。

正月十三日己亥冬至。是年有閏。

正月小_{丁亥朔}　二月大_{丙辰朔}　三月小_{丙戌朔}　四月大_{乙卯}
朔　五月小_{乙酉朔}　六月大_{甲寅朔}　七月小_{甲申朔}　八月大_{癸丑}
朔　九月小_{癸未朔}　十月大_{壬子朔}　十一月大_{壬午朔}　十二月小

壬子朔　閏十二月大辛巳朔

《經》："正月丙午，衛侯毀滅邢。"二十日。"四月癸酉，衛侯毀卒。"十九日。"十有二月癸亥，公會衛子、莒慶，盟於洮。"十二日。

《傳》："三月甲辰，次於陽樊。"十九日。"四月丁巳，王入于王城。"三日。"戊午，晉侯朝王。"四日。

僖公二十六年丁亥。建丑。

前年閏十二月廿四日甲辰冬至。

正月小辛亥朔　二月大庚辰朔　三月小庚戌朔　四月大己卯朔　五月小己酉朔　六月大戊寅朔　七月大戊申朔　八月小戊寅朔　九月大丁未朔　十月小丁丑朔　十一月大丙午朔　十二月小丙子朔

《經》："正月己未，公會莒子、衛甯速，盟於向。"九日。

僖公二十七年戊子。建子。

正月五日己酉冬至。

正月大乙巳朔　二月小乙亥朔　三月大甲辰朔　四月小甲戌朔　五月大癸卯朔　六月大癸酉朔　七月小癸卯朔　八月大壬申朔　九月小壬寅朔　十月大辛未朔　十一月小辛丑朔　十二月大庚午朔

《經》："六月庚寅，齊侯昭卒。"十八日。"八月乙未，葬齊孝公。"廿四日。"乙巳,公子遂帥師入杞。"乙巳,九月四日。失書月。"十有二月甲戌,公會諸侯,盟於宋。"五日。

僖公二十八年己丑。建子。

正月十六日乙卯冬至。

正月小庚子朔　二月大己巳朔　三月小己亥朔　四月大戊辰朔　五月小戊戌朔　六月大丁卯朔　七月大丁酉朔　八月小丁卯朔　九月大丙申朔　十月小丙寅朔　十一月大乙未朔　十二月小乙丑朔

《經》:"三月丙午,晉侯入曹。"八日。"四月己巳,晉侯、齊師、宋師、秦師及楚人戰于城濮。"二日。"五月癸丑,公會晉侯、齊侯、宋公、蔡侯、鄭伯、衛子、莒子,盟于踐土。"十六日。"壬申,公朝于王所。"壬申,十月七日。失書月。

《傳》:"正月戊申,取五鹿。"九日。"四月戊辰,次於城濮。"朔日。"晉師三日館穀,及癸酉而還。"六日。"甲午至于衡雍。"廿七日。"五月丙午,晉侯及鄭伯盟于衡雍。"九日。"丁未,獻楚俘于王。"十日。"己酉,王享醴,命晉侯。"十二日。"六月壬午,濟河。"十六日。"丙申,振旅,愷以入于晉。"晦日。"丁丑,諸侯圍許。"十月十二日。

僖公二十九年庚寅。建子。

正月廿七日庚申冬至。

正月大_{甲午朔}　二月小_{甲子朔}　三月大_{癸巳朔}　四月小_{癸亥}朔　五月大_{壬辰朔}　六月小_{壬戌朔}　七月大_{辛卯朔}　八月小_{辛酉}朔　九月大_{庚寅朔}　十月小_{庚申朔}　十一月大_{己丑朔}　十二月小_{己未朔}

僖公三十年辛卯。建亥。

二月八日乙丑冬至。是年有閏。

正月大_{戊子朔}　二月大_{戊午朔}　三月小_{戊子朔}　四月大_{丁巳}朔　五月小_{丁亥朔}　六月大_{丙辰朔}　七月小_{丙戌朔}　八月大_{乙卯}朔　九月小_{乙酉朔}　十月大_{甲寅朔}　十一月小_{甲申朔}　十二月大_{癸丑朔}　閏十二月小_{癸未朔}

《傳》："九月甲午,晉侯、秦伯圍鄭。"十日。

僖公三十一年壬辰。建子。

正月十九日庚午冬至。

正月大_{壬子朔}　二月小_{壬午朔}　三月大_{辛亥朔}　四月小_{辛巳朔}　五月大_{庚戌朔}　六月小_{庚辰朔}　七月大_{己酉朔}　八月小_{己卯朔}　九月大_{戊申朔}　十月小_{戊寅朔}　十一月大_{丁未朔}　十二月小_{丁丑朔}

僖公三十二年癸巳。建亥。

二月一日丙子冬至。

正月大丙午朔　二月大丙子朔　三月小丙午朔　四月大乙亥朔　五月小乙巳朔　六月大甲戌朔　七月小甲辰朔　八月大癸酉朔　九月小癸卯朔　十月大壬申朔　十一月小壬寅朔　十二月大辛未朔

《經》:"四月己丑,鄭伯捷卒。"十五日。"十有二月己卯,晉侯重耳卒。"九日。

《傳》:"庚辰,將殯于曲沃。"十二月十日。

僖公三十三年甲午。建亥。

二月十二日辛巳冬至。是年有閏。

正月小辛丑朔　二月大庚午朔　三月小庚子朔　四月大己巳朔　五月小己亥朔　六月大戊辰朔　七月小戊戌朔　八月大丁卯朔　閏八月小丁酉朔　九月大丙寅朔　十月小丙申朔　十一月大乙丑朔　十二月小乙未朔

《經》:"四月辛巳,晉人及姜戎敗秦師于殽。"十三日。"癸巳,葬晉文公。"廿五日。"十有二月乙巳,公薨于小寢。"十一日。

《傳》:"八月戊子,晉侯敗狄于箕。"廿二日。

文公元年乙未。建子。

正月廿三日丙戌冬至。是年有閏。按是年已過閏限,應閏夏正六月。

147

正月小_{甲子朔}　二月大_{癸巳朔}　三月小_{癸亥朔}　四月小_{壬辰}
朔　五月大_{辛酉朔}[一〇]　六月大_{壬辰朔}　七月小_{壬戌朔}　八月大_辛
_{卯朔}　九月小_{辛酉朔}　十月大_{庚寅朔}　十一月小_{庚申朔}　十二月
大_{己丑朔}　閏十二月小_{己未朔}

《經》："二月癸亥，日有食之。"此月無癸亥，誤。三月癸亥
朔，日有食之。史官不書朔，或疑其食晦也。"十月丁未，楚世
子商臣弒其君頵。"十八日。

《傳》："閏三月。"誤。"五月辛酉朔，晉師圍戚。""六月戊
戌，取之。"七日。

文公二年丙申。建子。

正月四日辛卯冬至。

正月大_{戊子朔}　二月小_{戊午朔}　三月大_{丁亥朔}　四月小_{丁巳}
朔　五月大_{丙戌朔}　六月大_{丙辰朔}　七月小_{丙戌朔}　八月大_{乙卯}
_朔　九月小_{乙酉朔}　十月大_{甲寅朔}　十一月小_{甲申朔}　十二月大
_{癸丑朔}

《經》："二月甲子，晉侯及秦師戰于彭衙。"七日。"丁丑，
作僖公主。"二十日。"三月乙巳，及晉處父盟。"十九日。"八
月丁卯，大事於大廟。"十三日。

《傳》："四月己巳，晉人使陽處父盟公。"十三日。

文公三年丁酉。建子。

正月十五日丁酉冬至。是年有閏。

正月大癸未朔　二月小癸丑朔　三月大壬午朔　四月小壬子
朔　五月大辛巳朔　六月小辛亥朔　七月大庚辰朔　八月小庚戌
朔　九月大己卯朔　十月小己酉朔　十一月大戊寅朔　十二月小
戊申朔　閏十二月大丁丑朔

《經》："十有二月己巳，公及晉侯盟。"廿二日。

《傳》："四月乙亥，王叔文公卒。"廿四日。《經》書五
月，誤。

文公四年戊戌。建丑。

前年閏十二月廿六日壬寅冬至。

正月小丁未朔　二月大丙子朔　三月小丙午朔　四月大乙亥
朔　五月小乙巳朔　六月大甲戌朔　七月小甲辰朔　八月大癸酉
朔　九月大癸卯朔　十月小癸酉朔　十一月大壬寅朔　十二月小
壬申朔

《經》："十有一月壬寅，夫人風氏薨。"朔日。

文公五年己亥。建子。

正月七日丁未冬至。

正月大辛丑朔　二月小辛未朔　三月大庚子朔　四月小庚午
朔　五月大己亥朔　六月小己巳朔　七月大戊戌朔　八月小戊辰
朔　九月大丁酉朔　十月小丁卯朔　十一月大丙申朔　十二月小
丙寅朔

《經》："三月辛亥，葬我小君成風。"十二日。"十月甲申，許男業卒。"十八日。

文公六年庚子。建子。

正月十八日壬子冬至。是年有閏。

正月大乙未朔　二月大乙丑朔　三月小乙未朔　四月大甲子朔　五月小甲午朔　六月大癸亥朔　七月小癸巳朔　八月大壬戌朔　九月小壬辰朔　十月大辛酉朔　十一月小辛卯朔　十二月大庚申朔　閏十二月小庚寅朔

《經》："八月乙亥，晉侯驩卒。"十四日。"閏月，不告朔。"

《傳》："十一月丙寅，晉殺續簡伯。"十一月無丙寅，誤。

文公七年辛丑。建丑。

前年閏十二月戊午冬至。

正月大己未朔　二月小己丑朔　三月大戊午朔　四月大戊子朔　五月小戊午朔　六月大丁亥朔　七月小丁巳朔　八月大丙戌朔　九月小丙辰朔　十月大乙酉朔　十一月小乙卯朔　十二月大甲申朔

《經》："三月甲戌，取須句。"十七日。"四月戊子，晉人及秦人戰于令狐。"朔日。

《傳》："己丑，先蔑奔秦。"四月二日。

文公八年壬寅。建子。

正月十日癸亥冬至。

正月小甲寅朔　　二月大癸未朔　　三月小癸丑朔　　四月大壬午
朔　五月大壬子朔　　六月小壬午朔　　七月大辛亥朔　　八月小辛巳
朔　九月大庚戌朔　　十月小庚辰朔　　十一月大己酉朔　　十二月小
己卯朔

《經》："八月戊申，天王崩。"廿八日。"十月壬午，公子遂
會晉趙盾，盟于衡雍。"三日。"乙酉，公子遂會雒戎，盟于暴。"
六日。"公孫敖如京師，不至。丙戌，奔莒。"七日。

文公九年癸卯。建子。

正月廿一日戊辰冬至。是年有閏。

正月大戊申朔　　二月小戊寅朔　　三月大丁未朔　　四月小丁丑
朔　五月大丙午朔　　六月大丙子朔　　七月小丙午朔　　八月大乙亥
朔　閏八月小乙巳朔　　九月大甲戌朔　　十月小甲辰朔　　十一月大
癸酉朔　　十二月小癸卯朔

《經》："二月辛丑，葬襄王。"廿四日。"九月癸酉，地震。"
九月無癸酉。

《傳》："正月己酉，使賊殺先克。"二日。"乙丑，晉人殺先
都、梁益耳。"十八日。"三月甲戌，晉人殺箕鄭父、士穀、蒯
得。"廿八日。

151

文公十年甲辰。建子。

正月初二日癸酉冬至。

正月大壬申朔　二月小壬寅朔　三月大辛未朔　四月小辛丑朔　五月大庚午朔　六月小庚子朔　七月大己巳朔　八月小己亥朔　九月大戊辰朔　十月小戊戌朔　十一月大丁卯朔　十二月小丁酉朔

《經》："三月辛卯，臧孫辰卒。"廿一日。

文公十一年乙巳。建子。

正月十四日己卯冬至。

正月大丙寅朔　二月小丙申朔　三月大乙丑朔　四月大乙未朔　五月小乙丑朔　六月大甲午朔　七月小甲子朔　八月大癸巳朔　九月小癸亥朔　十月大壬辰朔　十一月小壬戌朔　十二月大辛卯朔

《經》："十月甲午，叔孫得臣敗狄於鹹。"三日。

《傳》襄三十年傳："臣生之歲，正月甲子朔。"晉用夏正。夏之正月，周之三月。然則春秋時應是甲子朔。晉曆可稽也。

文公十二年丙午。建子。

正月廿四日甲申冬至。是年有閏。

正月小辛酉朔　二月大庚寅朔　三月小庚申朔　四月大己丑
朔　閏四月小己未朔　五月大戊子朔　六月小戊午朔　七月大丁亥
朔　八月大丁巳朔　九月小丁亥朔　十月大丙辰朔　十一月小丙戌
朔　十二月大乙卯朔

《經》："二月庚子，子叔姬卒。"十一日。"十有二月戊午，
晋人、秦人戰于河曲。"四日。

文公十三年丁未。建子。

正月五日己丑冬至。

正月小乙酉朔　二月大甲寅朔　三月小甲申朔　四月大癸丑
朔　五月小癸未朔　六月大壬子朔　七月小壬午朔　八月大辛亥
朔　九月大辛巳朔　十月小辛亥朔　十一月大庚辰朔　十二月小
庚戌朔

《經》："五月壬午，陳侯朔卒。"五月無壬午，在前月之晦。
"十有二月己丑，公及晉侯盟。"十二月無己丑。誤。

文公十四年戊申。建子。

正月十六日甲午冬至。

正月大己卯朔　二月小己酉朔　三月大戊寅朔　四月小戊申
朔　五月大丁丑朔　六月小丁未朔　七月大丙子朔　八月小丙午
朔　九月大乙亥朔　十月小乙巳朔　十一月大甲戌朔　十二月小
甲辰朔

《經》:"五月乙亥,齊侯潘卒。"五月無乙亥。誤。乙亥爲上月二十八日。"六月癸酉,同盟于新城。"廿七日。"九月甲申,公孫敖卒於齊。"十日。

《傳》:"七月乙卯,夜,齊商人弒舍而讓元。"七月無乙卯。誤。乙卯爲下月十日。

文公十五年己酉。建子。

正月廿八日庚子冬至。是年有閏。按是年應閏夏正二月。

正月大癸酉朔　二月大癸卯朔　三月小癸酉朔　四月大壬寅朔　五月小壬申朔　六月大辛丑朔　七月小辛未朔　八月大庚子朔　九月小庚午朔　十月大己亥朔　十一月小己巳朔　十二月大戊戌朔　閏十二月小戊辰朔

《經》:"六月辛丑朔,日有食之。""戊申,入蔡。"八日。

文公十六年庚戌。建子。

正月九日乙巳冬至。

正月大丁酉朔　二月小丁卯朔　三月大丙申朔　四月小丙寅朔　五月大乙未朔　六月大乙丑朔　七月小乙未朔　八月大甲子朔　九月小甲午朔　十月大癸亥朔　十一月小癸巳朔　十二月大壬戌朔

《經》:"六月戊辰,公子遂及齊侯盟于郪邱。"四日。"八月辛未,夫人姜氏薨。"八日。

《傳》:"十一月甲寅,宋昭公將田孟諸。"廿二日。

文公十七年辛亥。建子。

正月十九日庚戌冬至。

正月小壬辰朔　二月大辛酉朔　三月小辛卯朔　四月大庚申
朔　五月小庚寅朔　六月大己未朔　七月小己丑朔　八月大戊午
朔　九月小戊子朔　十月大丁巳朔　十一月小丁亥朔　十二月大
丙辰朔

《經》:"四月癸亥,葬我小君聲姜。"四日。"六月癸未,公
及齊侯盟于穀。"廿五日。

文公十八年壬子。建亥。

二月一日乙卯冬至。是年有閏。

正月小丙戌朔　二月大乙卯朔　三月小乙酉朔　四月大甲寅
朔　五月小甲申朔　六月大癸丑朔　七月小癸未朔　八月大壬子
朔　九月大壬午朔　十月小壬子朔　十一月大辛巳朔　十二月小
辛亥朔　閏十二月大庚辰朔

《經》:"二月丁丑,公薨于臺下。"廿三日。"五月戊戌,齊
人弒其君商人。"十五日。"六月癸酉,葬我君文公。"廿一日。

宣公元年癸丑。建子。

正月十二日辛酉冬至。

正月小庚戌朔　二月大己卯朔　三月小己酉朔　四月大戊寅朔　五月小戊申朔　六月大丁丑朔　七月小丁未朔　八月大丙子朔　九月小丙午朔　十月大乙亥朔　十一月小乙巳朔　十二月大甲戌朔

宣公二年甲寅。建子。

正月廿三日丙寅冬至。

正月大甲辰朔　二月小甲戌朔　三月大癸卯朔　四月小癸酉朔　五月大壬寅朔　六月小壬申朔　七月大辛丑朔　八月小辛未朔　九月大庚子朔　十月小庚午朔　十一月大己亥朔　十二月小己巳朔

《經》："二月壬子，宋華元帥師，及鄭公子歸生帥師，戰于大棘。"二月無壬子。誤。壬子爲三月十日。"九月乙丑，晉趙盾弒其君夷皋。"廿六日。"十月乙亥，天王崩。"六日。

《傳》："壬申，朝於武宮。"十月三日。

宣公三年乙卯。建亥。

二月四日辛未冬至。

156

正月大_{戊戌朔}　二月小_{戊辰朔}　三月大_{丁酉朔}　四月小_{丁卯}
朔　五月大_{丙申朔}　六月小_{丙寅朔}　七月大_{乙未朔}　八月小_{乙丑}
朔　九月大_{甲午朔}　十月小_{甲子朔}　十一月大_{癸巳朔}　十二月小
癸亥朔

《經》："十月丙戌，鄭伯蘭卒。"廿三日。

宣公四年丙辰。建亥。

二月十五日丙子冬至。是年有閏。

正月大_{壬辰朔}　二月小_{壬戌朔}　三月大_{辛卯朔}　四月大_{辛酉}
朔　五月小_{辛卯朔}　六月大_{庚申朔}　七月小_{庚寅朔}　八月大_{己未}
朔　九月小_{己丑朔}　十月大_{戊午朔}　十一月小_{戊子朔}　十二月大
丁巳朔　閏十二月大_{丁亥朔}

《經》："六月乙酉，鄭公子歸生弒其君夷。"廿六日。
《傳》："七月戊戌，楚子與若敖氏戰于皋滸。"九日。

宣公五年丁巳。建子。

正月廿五日辛巳冬至。

正月小_{丁巳朔}　二月大_{丙戌朔}　三月小_{丙辰朔}　四月大_{乙酉}
朔　五月小_{乙卯朔}　六月大_{甲申朔}　七月小_{甲寅朔}　八月大_{癸未}
朔　九月小_{癸丑朔}　十月大_{壬午朔}　十一月小_{壬子朔}　十二月大
辛巳朔

宣公六年戊午。建亥。

二月七日丁亥冬至。是年有閏。

正月大_{辛亥朔}　二月小_{辛巳朔}　三月大_{庚戌朔}　四月小_{庚辰}朔　五月大_{己酉朔}　六月小_{己卯朔}　七月大_{戊申朔}　八月小_{戊寅}朔^{〔一〕}　九月大_{丁未朔}　十月小_{丁丑朔}　十一月大_{丙午朔}　十二月小_{丙子朔}　閏十二月大_{乙巳朔}

宣公七年己未。建子。

正月十八日壬辰冬至。

正月小_{乙亥朔}　二月大_{甲辰朔}　三月大_{甲戌朔}　四月小_{甲辰}朔　五月大_{癸酉朔}　六月小_{癸卯朔}　七月大_{壬申朔}　八月小_{壬寅}朔　九月大_{辛未朔}　十月小_{辛丑朔}　十一月大_{庚午朔}　十二月小_{庚子朔}

宣公八年庚申。建子。

正月廿九日丁酉冬至。是年有閏。推得是年閏應已過閏限,應閏天正歲十二月。

正月大_{己巳朔}　二月小_{己亥朔}　三月大_{戊辰朔}　四月小_{戊戌}朔　五月大_{丁卯朔}　閏五月小_{丁酉朔}　六月大_{丙寅朔}　七月小_{丙申}朔　八月大_{乙丑朔}　九月小_{乙未朔}　十月大_{甲子朔}　十一月大_{甲午}

朔　十二月小_{甲子朔}

《經》："六月辛巳，有事于大廟。仲遂卒于垂。"十六日。"壬午，猶繹。"十七日。"戊子，夫人嬴氏薨。"廿三日。"秋七月甲子，日有食之。既。"按是月無日食，應在十月甲子朔。史官蓋誤十爲七也。不書朔者，史失之。"十月己丑，葬我小君敬嬴。雨，不克葬。"廿四日。"庚寅，日中而克葬。"廿五日。

宣公九年辛酉。建子。

正月十日壬寅冬至。

正月大_{癸巳朔}	二月小_{癸亥朔}	三月大_{壬辰朔}	四月小_{壬戌}
朔　五月大_{辛卯朔}	六月小_{辛酉朔}	七月大_{庚寅朔}	八月大_{庚申}
朔　九月小_{庚寅朔}	十月大_{己未朔}	十一月小_{己丑朔}	十二月大_{戊午朔}

《經》："九月辛酉，晉侯黑臀卒于扈。"九月無辛酉。"十月癸酉，衛侯鄭卒。"十五日。

宣公十年壬戌。建子。

正月廿一日戊申冬至。是年有閏。按是年已過閏限，當閏八月。

正月小_{戊子朔}	二月大_{丁巳朔}	三月小_{丁亥朔}	四月大_{丙辰}
朔　五月小_{丙戌朔}	六月大_{乙卯朔}	七月小_{乙酉朔}	八月大_{甲寅}
朔　九月小_{甲申朔}	十月大_{癸丑朔}	十一月小_{癸未朔}	十二月大

壬子朔　閏十二月大壬午朔

《經》："四月丙辰,日有食之。"失書朔,史闕文。"己巳,齊侯元卒。"十四日。"五月癸巳,陳夏徵舒弒其君平國。"八日。

宣公十一年癸亥。建子。

正月二日癸丑冬至。

正月小壬子朔　二月大辛巳朔　三月小辛亥朔　四月大庚辰朔　五月小庚戌朔　六月大己卯朔　七月小己酉朔　八月大戊寅朔　九月小戊申朔　十月大丁丑朔　十一月小丁未朔　十二月大丙子朔

《經》："十月丁亥,楚子入陳。"十一日。

宣公十二年甲子。建子。

正月十三日戊午冬至。

正月小丙午朔　二月大乙亥朔　三月大乙巳朔　四月小乙亥朔　五月大甲辰朔　六月小甲戌朔　七月大癸卯朔　八月小癸酉朔　九月大壬寅朔　十月小壬申朔　十一月大辛丑朔　十二月小辛未朔

《經》："六月乙卯,晉荀林父帥師及楚子戰于邲。"六月無乙卯。誤。"十有二月戊寅,楚子滅蕭。"八日。

《傳》："丙辰,楚重至於邲。"七月十四日。"辛未,鄭殺僕叔及子服。"七月晦日。

宣公十三年乙丑。建子。

正月廿四日癸亥冬至。是年有閏。

正月大庚子朔　二月小庚午朔　三月大己亥朔　四月小己巳
朔　五月大戊戌朔　六月小戊辰朔　七月大丁酉朔　八月大丁卯
朔　九月小丁酉朔　十月大丙寅朔　十一月小丙申朔　十二月大
乙丑朔　閏十二月小[一二]乙未朔

宣公十四年丙寅。建子。

正月六日己巳冬至。

正月大甲子朔　二月小甲午朔　三月大癸亥朔　四月小癸巳
朔　五月大壬戌朔　六月小壬辰朔　七月大辛酉朔　八月小辛卯
朔　九月大庚申朔　十月大庚寅朔　十一月小庚申朔　十二月大
己丑朔

《經》："五月壬申，曹伯壽卒。"十一日。

宣公十五年丁卯。建子。

正月十六日甲戌冬至。是年有閏。

正月小己未朔　二月大戊子朔　三月小戊午朔　四月大丁亥
朔　五月小丁巳朔　六月大丙戌朔　七月小丙辰朔　八月大乙酉
朔　九月小乙卯朔　十月大甲申朔　十一月小甲寅朔　十二月大

癸未朔　閏十二月大癸丑朔

《經》：“六月癸卯，晉師滅赤狄潞氏。”十八日。

《傳》：“辛亥，滅潞。”六月廿六日。“七月壬午，晉侯治兵于稷。”廿七日。

宣公十六年戊辰。建丑。

前年閏十二月廿七日己卯冬至。

正月小癸未朔　二月大壬子朔　三月小壬午朔　四月大辛亥朔　五月小辛巳朔　六月大庚戌朔　七月小庚辰朔　八月大己酉朔　九月小己卯　十月大戊申朔　十一月小戊寅朔　十二月大丁未朔

《傳》：“三月戊申，以黻冕命士會將中軍。”廿七日。

宣公十七年己巳。建子。

正月八日甲申冬至。

正月小丁丑朔　二月大丙午朔　三月小丙子朔　四月大乙巳朔　五月大乙亥朔　六月小乙巳朔　七月大甲戌朔　八月小甲辰朔　九月大癸酉朔　十月小癸卯朔　十一月大壬申朔　十二月小壬寅朔

《經》：“正月庚子，許男錫我卒。”廿四日。“丁未，蔡侯申卒。”二月二日。史官失書月。“六月癸卯，日有食之。”是月無日食。推算在宣公七年。“己未，公會晉侯、衛侯、曹伯、邾子，

同盟于斷道。"己未,八月十六日。"十有一月壬午,公弟叔肸
卒。"十一日。

宣公十八年庚午。建子。

正月二十日庚寅冬至。

正月大_{辛未朔}　二月小_{辛丑朔}　三月大_{庚午朔}　四月小_{庚子}
_朔　五月大_{己巳朔}　六月小_{己亥朔}　七月大_{戊辰朔}　八月大_{戊戌}
_朔　九月小_{戊辰朔}　十月大_{丁酉朔}　十一月小_{丁卯朔}　十二月大
_{丙申朔}

《經》:"七月甲戌,楚子旅卒。"七日。"十月壬戌,公薨于
路寢。"廿六日。

《春秋朔閏至日考》中卷終。門人吳縣葉耀元子成校字。

【校記】

[一]王韜《春秋朔至表》此年作"六月大_{癸亥朔}　七月大<sub>癸
巳朔</sub>"。

[二]原文作"十一月大_{庚辰朔}　十二月小_{己酉朔}",今據王
韜《春秋朔至表》改正。

[三]原文作"十二月大_{戊午朔}",今據王韜《春秋朔至表》
改正。

[四]此爲莊公二十三年朔至,六月癸丑朔,壬申爲二十
日。但所引《左傳·文公十七年》傳文原爲"文公二年六月壬
申,朝于齊",文公二年六月丙辰朔,壬申當爲十七日。引文

163

不當。

　[五]此爲莊公二十五年朔至,二月癸酉朔,二月無壬戌日。所引《左傳·文公十七年》傳文原爲"(文公)四年二月壬戌,爲齊侵蔡",文公四年二月丙子朔,無壬戌日。引文不當。

　[六]原文作"正月小_{戊戌朔}",今據王韜《春秋朔至表》改正。

　[七]王韜《春秋朔至表》此年排爲:"二月大_{甲申朔}　三月小_{甲寅朔}　四月大_{癸未朔}　五月小_{癸丑朔}　六月大_{壬午朔}　七月小_{壬子朔}　八月大_{辛巳朔}　九月小_{辛亥朔}　十月大_{庚辰朔}　十一月小_{庚戌朔}　十二月大_{己卯朔}"。

　[八]此處排定的月朔與王韜《春秋朔至表》不合,《春秋朔至表》記作"正月小_{己酉朔}","八月小_{丙子朔}","十月小_{乙亥朔}","十二月小_{甲戌朔}"。

　[九]原文作"鄭",誤,今改正。

　[一〇]王韜《春秋朔至表》本年作:"正月大_{甲子朔}　二月小_{甲午朔}　三月大_{癸亥朔}　四月大_{癸巳朔}　五月小_{癸亥朔}"。

　[一一]原文此年作"三月小_{庚戌朔}"、"八月大_{戊寅朔}",今據王韜《春秋朔至表》改正。

　[一二]原文作"大",今據王韜《春秋朔至表》改正。

下卷

長曆考正

成公元年辛未。建亥。

二月一日乙未冬至。是年有閏。

正月小丙寅朔　二月大乙未朔　三月小乙丑朔　四月大甲午朔　五月小甲子朔　六月大癸巳朔　七月小癸亥朔　八月大壬辰朔　九月小壬戌朔　十月大辛卯朔　十一月小辛酉朔　十二月大庚寅朔　閏十二月小庚申朔

《經》："二月辛酉，葬我君宣公。"廿七日。

《傳》："三月癸未，敗績于徐吾氏。"十九日。

成公二年壬申。建子。

正月十二日庚子冬至。

正月大己丑朔　二月大己未朔　三月小己丑朔　四月大戊午朔　五月小戊子朔　六月大丁巳朔　七月小丁亥朔　八月大丙辰朔　九月小丙戌朔　十月大乙卯朔　十一月小乙酉朔　十二月大甲寅朔

《經》："四月丙戌，衛孫良夫帥師及齊師戰于新築。"廿九日。"六月癸酉，季孫行父、臧孫許、叔孫僑如、公孫嬰齊帥師，

165

會晉郤克、衛孫良夫、曹公子首及齊侯戰于鞍。"十七日。"七月己酉,及國佐盟于袁婁。"廿三日。"八月壬午,宋公鮑卒。"廿七日。"庚寅,衛侯速卒。"庚寅,九月五日。繫於八月之下者,史官之誤也。"十有一月丙申,盟于蜀。"十二日。

《傳》:"六月壬申,師至于靡筓之下。"十六日。

成公三年癸酉。建子。

正月廿二日乙巳冬至。

正月小_{甲申朔}　二月大_{癸丑朔}　三月小_{癸未朔}　四月大_{壬子}朔　五月小_{壬午朔}　六月大_{辛亥朔}　七月大_{辛巳朔}　八月小_{辛亥}朔　九月大_{庚辰朔}　十月小_{庚戌朔}　十一月大_{己卯朔}　十二月小_{己酉朔}

《經》:"正月辛亥,葬衛穆公。"廿八日。"二月甲子,新宮災。"十二日。"乙亥,葬宋文公。"廿三日。"十有一月丙午,及荀庚盟。"廿八日。"丁未,及孫良夫盟。"廿九日。

《傳》:"十二月甲戌,晉作六軍。"廿六日。

成公四年甲戌。建亥。

二月四日辛亥冬至。是年有閏。

正月大_{戊寅朔}　二月小_{戊申朔}　三月大_{丁丑朔}　四月小_{丁未}朔　五月大_{丙子朔}　六月小_{丙午朔}　七月大_{乙亥朔}　八月小_{乙巳}朔　九月大_{甲戌朔}　十月大_{甲辰朔}　十一月小_{甲戌朔}　十二月大

癸卯朔　閏十二月小癸酉朔

《經》："三月壬申，鄭伯堅卒。"三月無壬申。誤。"四月甲寅，臧孫許卒。"八日。

成公五年乙亥。建子。

正月十五日丙辰冬至。

正月大壬寅朔　二月小壬申朔　三月大辛丑朔　四月小辛未朔　五月大庚子朔　六月小庚午朔　七月大己亥朔　八月小己巳朔　九月大戊戌朔　十月大戊辰朔　十一月小戊戌朔　十二月大丁卯朔

《經》："十有一月己酉，天王崩。"十二日。"十有二月己丑，同盟于蟲牢。"廿三日。

成公六年丙子。建子。

正月廿五日辛酉冬至。

正月小丁酉朔　二月大丙寅朔　三月小丙申朔　四月大乙丑朔　五月小乙未朔　六月大甲子朔　七月小甲午朔　八月大癸亥朔　九月小癸巳朔　十月大壬戌朔　十一月小壬辰朔　十二月大辛酉朔

《經》："二月辛巳，立武宮。"十六日。"六月壬申，鄭伯費卒。"九日。

《傳》："四月丁丑，晉遷于新田。"十三日。

成公七年丁丑。建亥。

二月七日丙寅冬至。是年有閏。

正月小_{辛卯}朔　二月大_{庚申}朔　三月小_{庚寅}朔　四月大_{己未}朔　五月小_{己丑}朔　六月大_{戊午}朔　七月大_{戊子}朔　八月小_{戊午}朔　九月大_{丁亥}朔　十月小_{丁巳}朔　十一月大_{丙戌}朔　十二月小_{丙辰}朔　閏十二月大_{乙酉}朔

《經》："八月戊辰，同盟于馬陵。"十一日。

成公八年戊寅。建子。

正月十八日壬申冬至。

正月小_{乙卯}朔　二月大_{甲申}朔　三月小_{甲寅}朔　四月大_{癸未}朔　五月小_{癸丑}朔　六月大_{壬午}朔　七月小_{壬子}朔　八月大_{辛巳}朔　九月大_{辛亥}朔　十月小_{辛巳}朔　十一月大_{庚戌}朔　十二月小_{庚辰}朔

《經》："十月癸卯，杞叔姬卒。"廿三日。

成公九年己卯。建子。

正月廿九日丁丑冬至。

正月大_{己酉}朔　二月小_{己卯}朔　三月大_{戊申}朔　四月小_{戊寅}朔　五月大_{丁未}朔　六月小_{丁丑}朔　七月大_{丙午}朔　八月小_{丙子}

朔　九月大^{乙巳}朔　十月小^{乙亥}朔　十一月大^{甲辰}朔　十二月小^{甲戌}朔

《經》："七月丙子，齊侯無野卒。"七月無丙子。誤。"十有一月，楚公子嬰齊帥師伐[一]莒。庚申，莒潰。"十七日。

《傳》："十一月戊申，楚入渠邱。"五日。

成公十年庚辰。建亥。

二月十日壬午冬至。是年有閏。

正月大^{癸卯}朔　二月大^{癸酉}朔　三月小^{癸卯}朔　四月大^{壬申}朔　閏四月小^{壬寅}朔[二]　五月大^{辛未}朔　六月小^{辛丑}朔　七月大^{庚午}朔　八月小^{庚子}朔　九月大^{己巳}朔　十月小^{己亥}朔　十一月大^{戊辰}朔　十二月小^{戊戌}朔

《經》："丙午，晉侯獳卒。"丙午，六月六日。史失書月，《傳》不誤。

《傳》："五月辛巳，鄭伯歸。"十一日。"六月戊申，殺叔申、叔禽。"八日。

成公十一年辛巳。建子。

正月廿一日丁亥冬至。

正月大^{丁卯}朔　二月小^{丁酉}朔　三月大^{丙寅}朔　四月小^{丙申}朔　五月大^{乙丑}朔　六月大^{乙未}朔　七月小^{乙丑}朔　八月大^{甲午}朔　九月小^{甲子}朔　十月大^{癸巳}朔　十一月小^{癸亥}朔　十二月大

壬辰朔

《經》：“三月己丑，及郤犨盟。”廿四日。

成公十二年壬午。建亥。

二月三日癸巳冬至。是年有閏。

正月小壬戌朔　二月大辛卯朔　三月小辛酉朔　四月大庚寅朔　五月小庚申朔　六月大己丑朔　七月小己未朔　八月大戊子朔　九月大戊午朔　十月小戊子朔　十一月大丁巳朔　十二月小丁亥朔　閏十二月大丙辰朔

《傳》：“五月，晉士燮會楚公子罷、許偃，癸亥，盟于宋西門之外。”四日。

成公十三年癸未。建子。

正月十三日戊戌冬至。

正月小丙戌朔　二月大乙卯朔　三月小乙酉朔　四月大甲寅朔　五月小甲申朔　六月大癸丑朔　七月小癸未朔　八月大壬子朔　九月小壬午朔　十月大辛亥朔　十一月小辛巳朔　十二月大庚戌朔

《傳》：“四月戊午，晉侯使呂相絕秦。”五日。“五月丁亥，晉師以諸侯之師及秦師戰于麻隧。”四日。“六月丁卯，夜，鄭公子班自訾求入于大宮。”十五日。“己巳，子駟帥國人盟于大宮。”十七日。

成公十四年甲申。建子。

正月廿四日癸卯冬至。是年有閏。

正月大庚辰朔　二月小庚戌朔　三月大己卯朔　四月小己酉朔　五月大戊寅朔　六月小戊申朔　七月大丁丑朔　閏七月小丁未朔　八月大丙子朔　九月小丙午朔　十月大乙亥朔　十一月小乙巳朔　十二月大甲戌朔

《經》："十月庚寅，衛侯臧卒。"十六日。

《傳》："八月戊戌，鄭伯復伐許。"廿三日。"庚子，入其郛。"廿五日。

成公十五年乙酉。建子。

正月五日戊申冬至。

正月大甲辰朔　二月小甲戌朔　三月大癸卯朔　四月小癸酉朔　五月大壬寅朔　六月小壬申朔　七月大辛丑朔　八月小辛未朔　九月大庚子朔　十月小庚午朔　十一月大己亥朔　十二月小己巳朔

《經》："三月乙巳，仲嬰齊卒。"三日。"癸丑，同盟于戚。"十一日。"八月庚辰，葬宋共公。"十日。

《傳》："十一月辛丑，楚公子申遷許于葉。"三日。

成公十六年丙戌。建子。

正月十七日甲寅冬至。

正月大戊戌朔　二月小戊辰朔　三月大丁酉朔　四月小丁卯朔　五月大丙申朔　六月小丙寅朔　七月大乙未朔　八月小乙丑朔　九月大甲午　十月大甲子　十一月小甲午朔　十二月大癸亥朔

《經》：“四月辛未，滕子卒。”五日。“六月丙寅朔，日有食之。”“甲午晦，戰于鄢陵。”“十月乙亥，叔孫僑如出奔齊。”十二日。“十有二月乙丑，季孫行父及晉郤犨盟于扈。”三日。“乙酉，刺公子偃。”廿三日。

《傳》：“四月戊寅，晉師起。”十二日。“六月癸巳，潘尪之黨與養由基蹲甲而射之。”廿八日。“七月戊午，鄭子罕宵軍之。”廿四日。

成公十七年丁亥。建子。

正月廿七日己未冬至。是年有閏。按是年已過閏限，應閏二月。

正月小癸巳朔　二月大壬戌朔　三月小壬辰朔　四月大辛酉朔　五月小辛卯朔　六月大庚申朔　七月大庚寅朔　八月小庚申朔　九月大己丑朔　十月小己未朔　十一月小戊子朔　十二月小丁巳朔　閏十二月小丁亥朔[三]

《經》：“六月乙酉，同盟于柯陵。”廿六日。“九月辛丑，用郊。”十三日。“十有一月壬申，公孫嬰卒于狸脤。”十一月無壬申。誤。“十有二月丁巳朔，日有食之。”

《傳》：“六月戊辰，士燮卒。”九日。“七月壬寅，刖鮑牽而逐高無咎。"十三日。"十月庚午,圍鄭。"十二日。"十二月壬午,胥童、夷羊五帥甲八百,將攻郤氏。"廿六日。"閏月乙卯晦。"

成公十八年戊子。建子。

正月八日甲子冬至。

正月小丙辰朔[四]　二月大丙戌朔　三月小丙辰朔　四月大乙酉朔　五月小乙卯朔　六月大甲申朔　七月小甲寅朔　八月大癸未朔　九月小癸丑朔　十月大壬午朔　十一月大壬子朔　十二月小壬午朔

《經》:"正月庚申,晉弒其君州蒲。"五日。"八月己丑,公薨于路寢。"七日。"十有二月丁未,葬我君成公。"廿六日。

《傳》:"正月庚午,盟而入。"十五日。"辛巳,朝于武宮。"廿六日。"甲申晦,齊侯使士華免以戈殺國佐。"當在三月晦。"二月乙酉朔,晉悼公即位于朝。"當在四月朔,晉用夏正也。

襄公元年己丑。建子。

正月十九日己巳冬至。是年有閏。

正月大辛亥朔　二月小辛巳朔　三月大庚戌朔　四月小庚辰朔　五月大己酉朔　六月小己卯朔　七月大戊申朔　八月小戊寅朔　九月大丁未朔　十月小丁丑朔　十一月大丙午朔　十二月小丙子朔　閏十二月大乙巳朔

《經》:"九月辛酉,天王崩。"十五日。

《傳》:"春,己亥,圍宋彭城。"正月無己亥。誤。當在二月十九日。

襄公二年庚寅。建子。

正月元日乙亥冬至。

正月小乙亥朔　二月大甲辰朔　三月大甲戌朔　四月小甲辰朔　五月大癸酉朔　六月小癸卯朔　七月大壬申朔　八月小壬寅朔　九月大辛未朔　十月小辛丑朔　十一月大庚午朔　十二月小庚子朔

《經》:"五月庚寅,夫人姜氏薨。"十八日。"六月庚辰,鄭伯睔卒。"六月無庚辰。誤。庚辰七月九日。"七月己丑,葬我小君齊姜。"十八日。

襄公三年辛卯。建子。

正月十二日庚辰冬至。

正月大己巳朔　二月小己亥朔　三月大戊辰朔　四月小戊戌朔　五月大丁卯朔　六月小丁酉朔　七月大丙寅朔　八月小丙申朔　九月大乙丑朔　十月小乙未朔　十一月大甲子朔　十二月大甲午朔

《經》:"四月壬戌,公及晉侯盟于長樗。"廿五日。"六月己未,同盟于雞澤。"廿三日。"戊寅,叔孫豹及諸侯之大夫及陳袁僑盟。"六月無戊寅。誤。戊寅,七月十三日。

襄公四年壬辰。建子。

正月廿二日乙酉冬至。是年有閏。

正月小甲子朔　二月大癸巳朔　三月小癸亥朔　四月大壬戌朔　五月小壬辰朔　六月大辛卯朔　七月小辛酉朔　八月大庚寅朔　九月小庚申朔　十月大己丑朔　十一月小己未朔　十二月大戊子朔　閏十二月小戊午朔

《經》:"三月己酉,陳侯午卒。"三月無己酉。誤。"七月戊子,夫人姒氏薨。"廿八日。"八月辛亥,葬我小君定姒。"廿二日。

襄公五年癸巳。建子。

正月四日庚寅冬至。

正月大丁亥朔　二月大丁巳朔　三月小丁亥朔　四月大丙辰朔　五月小丙戌朔　六月大乙卯朔　七月小乙酉朔　八月大甲寅朔　九月小甲申朔　十月大癸丑朔　十一月小癸未朔　十二月大壬子朔

《經》:"十有二月辛未,季孫行父卒。"廿日。

《傳》:"九月丙午,盟于戚。"廿三日。"十一月甲午,會于城棣。"十二日。六年,《傳》:"甲寅,埋之。"甲寅,五月晦。

襄公六年甲午。建子。

正月十四日乙未冬至。

正月小壬午朔　二月大辛亥朔　三月小辛巳朔　四月大庚戌朔　五月大庚辰朔　六月小庚戌朔　七月大己卯朔　八月小己酉朔　九月大戊寅朔　十月小戊申朔　十一月大丁丑朔　十二月小丁未朔

《經》："三月壬午，杞伯姑容卒。"二日。

《傳》："杞桓公卒之月，乙未，王湫帥師及正輿子、棠人軍齊師。"十五日。"丁未，入萊。"廿七日。"十一月丙辰而滅之。"十一月無丙辰。誤。《經》作十二月。丙辰爲十二月十日。當據《經》以正《傳》。

襄公七年乙未。建子。

正月廿六日辛丑冬至。是年有閏。

正月大丙子朔　二月小丙午朔　三月大乙亥朔　四月小乙巳朔　五月大甲戌朔　六月大甲辰朔　七月小甲戌朔　八月大癸卯朔　九月小癸酉朔　十月大壬寅朔　閏十月小壬申朔　十一月大辛丑朔　十二月小辛未朔

《經》："十月壬戌，及孫林父盟。"廿一日。"十有二月，鄭伯髡頑如會。丙戌，卒于鄵。"十六日。

《傳》："十月庚戌，使宣子朝。"九日。

襄公八年丙申。建子。

正月七日丙午冬至。

正月大_{庚子朔}　二月小_{庚午朔}　三月大_{己亥朔}　四月小_{己巳}朔　五月大_{戊戌朔}　六月小_{戊辰朔}　七月大_{丁酉朔}　八月小_{丁卯}朔　九月大_{丙申朔}　十月小_{丙寅朔}　十一月大_{乙未朔}　十二月小_{乙丑朔}

《傳》:"四月庚辰,辟殺子狐、子熙、子侯、子丁。"十二日。"庚寅,鄭子國、子耳侵蔡。"廿二日。"五月甲辰,會于邢丘。"七日。

襄公九年丁酉。建子。

正月十八日辛亥冬至。

正月大_{甲午朔}　二月大_{甲子朔}　三月小_{甲午朔}　四月大_{癸亥}朔　五月小_{癸巳朔}　六月大_{壬戌朔}　七月小_{壬辰朔}　八月大_{辛酉}朔　九月小_{辛卯朔}　十月大_{庚申朔}　十一月小_{庚寅朔}　十二月大_{己未朔}

《經》:"五月辛酉,夫人姜氏薨。"廿九日。"十有二月己亥,同盟于戲。"十一月無己亥。誤。己亥,十一月十日。當從《傳》。

《傳》:"十月庚午,季武子、齊崔杼、宋皇郧從荀罃、士匄門于鄟門。"十一日。"甲戌,師于氾。"十五日。"十二月癸亥,門其三門。"五日。"閏月戊寅,濟于陰阪。"十二月廿日。是年無閏月，當從杜説"閏月爲門五日之誤"。

襄公十年戊戌。建子。

正月廿八日丙辰冬至。是年有閏。

正月小己丑朔　二月大戊午朔　三月大戊子朔　四月小戊午朔　五月大丁亥朔　六月小丁巳朔　七月大丙戌朔　八月小丙辰朔　九月大乙酉朔　十月小乙卯朔　十一月大甲申朔　十二月小甲寅朔　閏十二月大癸未朔

《經》："五月甲午，遂滅偪陽。"八日。

《傳》："三月癸丑，齊高厚相太子光以先會諸侯于鍾離。"廿六日。"四月戊午，會于柤。"朔日。"丙寅，圍之，弗克。"九日。"五月庚寅，荀偃、士匃帥卒攻偪陽。"四日。"六月庚午，圍宋。"十四日。"八月丙寅，克之。"十一日。"九月己酉，師于牛首。"廿五日。"十月戊辰，尉止、司臣、侯晉、堵女父、子師僕帥賊以入。"十四日。"十一月己亥，與楚師夾潁而軍。"十六日。"丁未，諸侯之師還。"廿四日。

襄公十一年己亥。建子。

正月十日壬戌冬至。

正月小癸丑朔　二月大壬午朔　三月小壬子朔　四月大辛巳朔　五月小辛亥朔　六月大庚辰朔　七月大庚戌朔　八月小庚辰朔

朔　九月大己酉朔　十月小己卯朔　十一月大戊申朔　十二月小戊寅朔

《經》："七月己未,同盟于亳城北。"十日。

《傳》："四月己亥,齊太子光、宋向戌先至于鄭。"十九日。"七月丙子,伐宋。"廿七日。"九月甲戌,晉趙武入盟鄭伯。"廿六日。"十月丁亥,鄭子展出盟晉侯。"九日。"十二月戊寅,會于蕭魚。"朔日。"庚辰,赦鄭囚。"三日。"壬午,武濟自輔氏。"五日。"己丑,秦、晉戰于櫟。"十二日。

襄公十二年庚子。建子。

正月廿一日丁卯冬至。是年有閏。

正月大丁未朔　二月小丁丑朔　三月大丙午朔　四月小丙子朔　五月大乙巳朔　六月小乙亥朔　七月大甲辰朔　八月小甲戌朔　九月大癸卯朔　十月大癸酉朔　十一月小癸卯朔　十二月大壬申朔　閏十二月小壬寅朔

襄公十三年辛丑。建子。

正月二日壬申冬至。

正月大辛未朔　二月小辛丑朔　三月大庚午朔　四月小庚子朔　五月大己巳朔　六月小己亥朔　七月大戊辰朔　八月小戊戌朔　九月大丁卯朔　十月小丁酉朔　十一月大丙寅朔　十二月小丙申朔

《經》：“九月庚辰，楚子審卒。”十四日。

襄公十四年壬寅。建子。

正月十三日丁丑冬至。

正月大乙丑朔　二月小乙未朔　三月大甲子朔　四月小甲午朔　五月大癸亥朔　六月大癸巳朔　七月小癸亥朔　八月大壬辰朔　九月小壬戌朔　十月大辛卯朔　十一月小辛酉朔　十二月大庚寅朔

《經》：“二月乙未朔，日有食之。”“四月己未，衛侯出奔齊。”廿六日。

襄公十五年癸卯。建子。

正月廿四日癸未冬至。

正月小庚申朔　二月大己丑朔　三月小己未朔　四月大戊子朔　五月小戊午朔　六月大丁亥朔　七月大丁巳朔　八月小丁亥朔　九月大丙辰朔　十月小丙戌朔　十一月大乙卯朔　十二月小乙酉朔

《經》：“二月己亥，及向戌盟于劉。”十一日。“八月丁巳朔，日有食之。”按丁巳，七月一日。《經》書八月，當在誤文。“十有一月癸亥，晉侯周卒。”九日。

襄公十六年甲辰。建亥。

二月五日戊子冬至。是年有閏。

正月大甲寅朔　二月小甲申朔　三月大癸丑朔　四月小癸未朔　五月大壬子朔　六月大壬午朔　七月小壬子朔　八月大辛巳朔　九月小辛亥朔　十月大庚辰朔　十一月小庚戌朔　十二月大己卯朔　閏十二月小己酉朔

《經》："三月戊寅,大夫盟。"廿六日。"五月甲子,地震。"十三日。

《傳》："六月庚寅,伐許。"九日。

襄公十七年乙巳。建子。

正月十六日癸巳冬至。

正月大戊寅朔　二月小戊申朔　三月大丁丑朔　四月小丁未朔　五月大丙子朔　六月小丙午朔　七月大乙亥朔　八月小乙巳朔　九月大甲戌朔　十月小甲辰朔　十一月大癸酉朔　十二月小癸卯朔

《經》："二月庚午,邾子牼卒。"廿三日。

《傳》："十一月甲午,國人逐瘈狗。"廿二日。

襄公十八年丙午。建子。

正月廿七日戊戌冬至。

181

正月大_{壬申朔}　二月大_{壬寅朔}　三月小_{壬申朔}　四月大_{辛丑}朔　五月小_{辛未朔}　六月大_{庚子朔}　七月小_{庚午朔}　八月大_{己亥}朔　九月小_{己巳朔}　十月大_{戊戌朔}　十一月小_{戊辰朔}　十二月大_{丁酉朔}

《傳》：“十月丙寅晦，齊師夜遁。”是十月廿九日。“十一月丁卯朔，入平陰。”是十月晦日。“己卯，荀偃、士匄以中軍克京茲。”十二日。“乙酉，魏絳、欒盈以下軍克邿。”十八日。“十二月戊戌，及秦周伐雍門之萩。”二日。“己亥，焚雍門。”三日。“壬寅，焚東郭、北郭。”六日。“甲辰，東侵及濰，南及沂。”八日。

襄公十九年丁未。建亥。

二月九日甲辰冬至。是年有閏。

正月小_{丁卯朔}　二月大_{丙申朔}　三月小_{丙寅朔}　四月大_{乙未}朔　五月小_{乙丑朔}　六月大_{甲午朔}　七月大_{甲子朔}　八月小_{甲午}朔　九月大_{癸亥朔}　十月小_{癸巳朔}　十一月大_{壬戌朔}　十二月小_{壬辰朔}　閏十二月大_{辛酉朔}

《經》：“七月辛卯，齊侯環卒。”廿八日。“八月丙辰，仲孫蔑卒。”廿三日。

《傳》：“二月甲寅，卒^[五]，而視，不可含。”十九日。“四月丁未，鄭公孫蠆卒。”十三日。“五月壬辰晦，齊靈公卒。”是二十九日^[六]。《經》書七月，而《傳》書五月。齊用夏正，以赴於諸侯，而《經》爲之改正也。“八月甲辰，子展、子西率國人伐之。"十一日。

襄公二十年戊申。建子。

正月十九日己酉冬至。

正月小辛卯朔　二月大庚申朔　三月小庚寅朔　四月大己未朔　五月小己丑朔　六月大戊午朔　七月小戊子朔　八月大丁巳朔　九月小丁亥朔　十月大丙辰朔　十一月小丙戌朔　十二月大乙卯朔

《經》:"正月辛亥,仲孫速會莒人,盟于向。"廿一日。"六月庚申,盟于澶淵。"三日。"十月丙辰朔,日有食之。"

襄公二十一年己酉。建亥。

二月一日甲寅冬至。是年有閏。

正月小乙酉朔　二月大甲寅朔　三月小甲申朔　四月大癸丑朔　五月小癸未朔　六月大壬子朔　七月小壬午朔　八月大辛亥朔　閏八月小辛巳朔　九月大庚戌朔　十月小庚辰朔　十一月大己酉朔　十二月小己卯朔

《經》:"九月庚戌朔,日有食之。""十月庚辰朔,日有食之。"比月而食,應在誤條。先儒謂是襄二十六年脫簡,錯置於此。

襄公二十二年庚戌。建子。

正月十二日己未冬至。

正月大_{戊申朔}　二月大_{戊寅朔}　三月小_{戊申朔}　四月大_{丁丑}朔　五月小_{丁未朔}　六月大_{丙子朔}　七月小_{丙午朔}　八月大_{乙亥}朔　九月小_{乙巳朔}　十月大_{甲戌朔}　十一月小_{甲辰朔}　十二月大_{癸酉朔}

《經》："七月辛酉，叔老卒。"十六日。

《傳》："九月己巳，伯張卒。"廿五日。"十二月，鄭游販[七]將如晉，未出竟，遭逆妻者奪之，以館于邑。丁巳，其夫攻子明，殺之。"十二月無丁巳。誤。丁巳乃明年正月十五日。

襄公二十三年辛亥。建子。

正月廿三日乙丑冬至。是年有閏。

正月大_{癸卯朔}　二月小_{癸酉朔}　三月大_{壬寅朔}　四月小_{壬申}朔　五月大_{辛丑朔}　六月小_{辛未朔}　七月大_{庚子朔}　八月小_{庚午}朔　九月大_{己亥朔}　十月小_{己巳朔}　十一月大_{戊戌朔}　十二月小_{戊辰朔}　閏十二月大_{丁酉朔}

《經》："二月癸酉朔，日有食之。""三月己巳，杞伯匄卒。"廿八日。"八月己卯，仲孫速卒。"十日。"十月乙亥，臧孫紇出奔邾。"七日。

襄公二十四年壬子。建子。

正月四日庚午冬至。

正月小丁卯朔　二月大丙申朔　三月小丙寅朔　四月大乙未朔　五月小乙丑朔　六月大甲午朔　七月小甲子朔　八月大癸巳朔　九月小癸亥朔　十月大壬辰朔　十一月大壬戌朔　十二月小壬辰朔

《經》：“七月甲子朔，日有食之。”“八月癸巳朔，日有食之。”是月無日食。誤。先儒謂是文十一年脫簡，誤置於此。確然有據。

襄公二十五年癸丑。建子。

正月十五日乙亥冬至。

正月大辛酉朔　二月小辛卯朔　三月大庚申朔　四月小庚寅朔　五月大己未朔　六月小己丑朔　七月大戊午朔　八月大戊子朔　九月小戊午朔　十月大丁亥朔　十一月小丁巳朔　十二月大丙戌朔

《經》：“五月乙亥，齊崔杼弒其君光。”十七日。“六月壬子，鄭公孫舍之帥師入陳。”廿四日。“八月己巳，諸侯同盟于重邱。”己巳當在七月十二日。

《傳》：“五月甲戌，饗諸北郭。”十六日。“丁丑，崔杼立而相之。”十九日。“辛巳，公與大夫及莒子盟。”廿三日。“丁亥，葬諸士孫之里。”廿九日。“十月甲午，蔦掩書土田。”八日。

185

襄公二十六年甲寅。建子。

正月廿五日庚辰冬至。

正月小_{丙辰朔}　二月大_{乙酉朔}　三月小_{乙卯朔}　四月大_{甲申}朔　五月小_{甲寅朔}　六月大_{癸未朔}　七月小_{癸丑朔}　八月大_{壬午}朔　九月小_{壬子朔}　十月大_{辛巳朔}　十一月大_{辛亥朔}　十二月小_{辛巳朔}

《經》："二月辛卯,衛甯喜弒其君剽。"七日。"甲午,衛侯衎復歸于衛。"十日。"八月壬午,許男甯卒于楚。"朔日。推步家謂是年十月庚辰朔日食。今庚辰爲九月晦。或春秋曆先一日歟。

《傳》："二月庚寅,甯喜、右宰穀伐孫氏。"六日。"三月甲寅朔,享子展。"是前月之晦。"十二月乙酉,入南里。"五日。

襄公二十七年乙卯。建亥。

二月七日丙戌冬至。是年有閏。惟歲終之閏當移置四月後。

正月大_{庚戌朔}　二月小_{庚辰朔}　三月大_{己酉朔}　四月小_{己卯}朔　閏四月大_{戊申朔}　五月小_{戊寅朔}　六月大_{丁未朔}　七月小_{丁丑}朔　八月大_{丙午朔}　九月小_{丙子朔}　十月大_{乙巳朔}　十一月大_{乙亥}朔　十二月小_{乙巳朔}

《經》："七月辛巳,豹及諸侯之大夫盟于宋。"五日。"十有二月乙亥朔,日有食之。"乙亥,十一月朔。《傳》不誤。

《傳》：“五月甲辰，晉趙武至于宋。”廿七日。“丙午，鄭良
霄至。”廿九日。“六月丁未朔，宋人享趙文子[八]。”“戊申，叔
孫豹、齊慶封、陳須無、衛石惡至。”二日。“甲寅，晉荀盈從趙
武至。”八日。“丙辰，邾悼公至。”十日。“壬戌，楚公子黑肱先
至。成言于晉。”十六日。“丁卯，宋向戌如陳，從子木成言于
楚。”廿一日。“戊辰，滕成公至。”廿二日。“庚午，向戌復于趙
孟。”廿四日。“壬申，左師復言于子木。”廿六日。“七月戊寅，
左師至。”二日。“庚辰，子木至自陳。”四日。“壬午，宋公兼享
晉、楚之大夫。”六日。“九月庚辰，崔成、崔彊殺東郭偃、棠無
咎于崔氏之朝。”五日。“辛巳，崔明來奔。”六日。“十一月乙
亥朔，日有食之。”按《經》書“十二月”，應在誤文。范氏景福曾
推此條，九月不入食限，十一月正入食限。無失閏法。左氏所
載“辰在申，司曆過也，再失閏矣”，爲道聽塗説之談，殊不可
信。先儒以爲錯簡。應是襄公二十一年傳文誤置於此年。洵
足以破解《經》之惑，靖群説之淆。范氏之言曰：“《經》《傳》字
形有時而誤，而食限必無誤。置閏前後可得而移，而食限必不
能移。”其卓識可以釋疴而規過矣。

襄公二十八年丙辰。建子。

正月十八日辛卯冬至。

	正月大甲戌朔	二月小甲辰朔	三月大癸酉朔	四月小癸卯
朔	五月大壬申朔	六月小壬寅朔	七月大辛未朔	八月小辛丑
朔	九月大庚午朔	十月小庚子朔	十一月大己巳朔	十二月小

己亥朔

《經》："十有二月甲寅，天王崩。"十六日。"乙未，楚子昭卒。"十二月無乙未。誤。或云當在閏月。然以曆法推之，此年歲終不得有閏。姚氏於是年連置三閏，古今無此曆法，誠千古笑談。

《傳》："十月丙辰，文子使召之。"十七日。"十一月乙亥，嘗于太公之廟。"七日。"丁亥，伐西門。"十九日。"十二月乙亥朔，齊人遷莊公殯于大寢。"按乙當作己。字形相近。《傳》書乙亥，誤。

襄公二十九年丁巳。建子。

正月二十九日丙申冬至。是年有閏。

正月大戊辰朔　二月小戊戌朔　三月大丁卯朔　四月大丁酉朔　五月小丁卯朔　閏五月大丙申朔　六月小丙寅朔　七月大乙未朔　八月小乙丑朔　九月大甲午朔　十月小甲子朔　十一月大癸巳朔　十二月小癸亥朔

《經》："庚午，衛侯衎卒。"庚午，六月五日。失書月。

《傳》："二月癸卯，齊人葬莊公於北郭。"六日。"九月乙未，出。"二日。"十月庚寅，閭邱嬰帥師圍盧。"廿七日。"十一月乙卯，高豎致盧而出奔晉。"廿三日。"十二月己巳，鄭大夫盟于伯有氏。"七日。

襄公三十年戊午。建子。

正月十日辛丑冬至。

正月大壬辰朔　二月小壬戌朔　三月大辛卯朔　四月小辛酉朔　五月大庚寅朔　六月大庚申朔　七月小庚寅朔　八月大己未朔　九月小己丑朔　十月大戊午朔　十一月小戊子朔　十二月大丁巳朔

《經》："五月甲午，宋災。"五日。

傳："二月癸未，晉悼夫人食輿人之城杞者。"廿二日。"四月己亥，鄭伯及其大夫盟。"是月無己亥。誤。"戊子，僑括圍蔿，逐成愆。"廿八日。"五月癸巳，尹言多、劉毅、單蔑、甘過、鞏成殺佞夫。"四日。"七月庚子，子晳以駟氏之甲伐而焚之。"十一日。"辛丑，子產斂伯有氏之死者而殯之。"十二日。"壬寅，子產入。"十三日。"癸卯，子石入。"十四日。"乙巳，鄭伯及其大夫盟于大宮。"十六日。"癸丑，晨，自墓門之瀆入。"廿四日。"八月甲子，奔晉。"六日　"己巳，復歸。"十一日。

襄公三十一年己未。建子。

正月廿一日丁未冬至。

正月小丁亥朔　二月大丙辰朔　三月小丙戌朔　四月大乙卯朔　五月小乙酉朔　六月大甲寅朔　七月小甲申朔　八月大癸丑朔　九月大癸未朔　十月小癸丑朔　十一月大壬午朔　十二月小壬子朔

《經》："六月辛巳，公薨于楚宮。"廿八日。"九月癸巳，子野卒。"十一日。"己亥，仲孫羯卒。"十七日。"十月癸酉，葬我君襄公。"廿一日。

昭公元年庚申。建亥。

二月二日壬子冬至。是年有閏。

正月大辛巳朔　二月小辛亥朔　三月大庚辰朔　四月小庚戌朔　五月大己卯朔　六月小己酉朔　七月大戊寅朔　八月小戊申朔　九月大丁丑　十月小丁未朔　閏十月大丙子朔　十一月小丙午朔　十二月小乙亥朔[九]

《經》："六月丁巳，邾子華卒。"九日。"十有一月己酉，楚子麇卒。"四日。

《傳》："正月乙未，入，逆而出。"十五日。"三月甲辰，盟。"廿五日。"五月庚辰，鄭放游楚于吳。"二日。"癸卯，鍼適晉。"廿五日。"十二月，晉既烝，趙孟適南陽，將會孟子餘。甲辰朔，烝于溫，庚戌，卒。"甲辰朔爲明年正月朔。庚戌爲正月七日。《傳》特終言之。

昭公二年辛酉。建子。

正月十三日丁巳冬至。

正月大甲辰朔　二月小甲戌朔　三月大癸卯朔　四月小癸酉

朔　五月大壬寅朔　六月大壬申朔　七月小壬寅朔　八月大辛未朔　九月小辛丑朔　十月大庚午朔　十一月小庚子朔　十二月大己巳朔[一〇]

《傳》："七月壬寅，縊。尸諸周氏之衢。"壬寅，七月朔。

昭公三年壬戌。建子。

正月廿四日壬戌冬至。

正月大己亥朔　二月小己巳朔　三月大戊戌朔　四月小戊辰朔　五月大丁酉朔　六月大丁卯朔　七月小丁酉朔　八月大丙寅朔　九月小丙申朔　十月大乙丑朔　十一月小乙未朔　十二月大甲子朔

《經》："正月丁未，滕子原卒。"九日。

昭公四年癸亥。建亥。

二月五日丁卯冬至。是年有閏。

正月小甲午朔　二月大癸亥朔　三月小癸巳朔　四月大壬戌朔　閏四月小壬辰朔　五月大辛酉朔　六月大辛卯朔　七月小辛酉朔　八月大庚寅朔　九月小庚申朔　十月大己丑朔　十一月小己未朔　十二月大戊子朔

《經》："十有二月乙卯，叔孫豹卒。"廿八日。

《傳》："六月丙午，楚子合諸侯于申。"十六日。"八月甲申，克之。"是月無甲申。誤。"十二月癸丑，叔孫不食。"廿六日。

昭公五年甲子。建子。

正月十六日癸酉冬至。

正月小戊午朔　二月大丁亥朔　三月小丁巳朔　四月大丙戌朔　五月小丙辰朔　六月大乙酉朔　七月小乙卯朔　八月大甲申朔　九月小甲寅朔　十月大癸未朔　十一月大癸丑朔　十二月小癸未朔[一一]

《經》：“七月戊辰，叔弓帥師敗莒師于蚡泉。”十四日。

昭公六年乙丑。建子。

正月廿七日戊寅冬至。是年有閏。

正月大壬子朔　二月小壬午朔　三月大辛亥朔　四月小辛巳朔　五月大庚戌朔　六月小庚辰朔　七月大己酉朔　閏七月小己卯朔　八月大戊申朔　九月小戊寅朔　十月大丁未朔　十一月小丁丑朔　十二月大丙午朔

《傳》（七年《傳》）：“壬子，余將殺帶也。”壬子，三月二日。“六月丙戌，鄭災。”七日。

昭公七年丙寅。建子。

正月八日癸未冬至。

正月小丙子朔　二月大乙巳朔　三月小乙亥朔　四月大甲辰朔　五月大甲戌朔　六月小甲辰朔　七月大癸酉朔　八月小癸卯朔　九月大壬申朔　十月小壬寅朔　十一月大辛未朔　十二月小辛丑朔

《經》："四月甲辰朔，日有食之。""八月戊辰，衛侯惡卒。"廿六日。"十有一月癸未，季孫宿卒。"十三日。"十有二月癸亥，葬衛襄公。"廿三日。

《傳》："正月癸巳，齊侯次于虢。"十八日。"二月戊午，盟于濡上。"十四日。"燕、齊平之月壬寅，公孫段卒。"正月廿七日。"十月辛酉，襄、頃之族殺獻公而立成公。"廿日。

昭公八年丁卯。建子。

正月十九日戊子冬至。是年有閏。

正月大庚午朔　二月小庚子朔　三月大己巳朔　四月小己亥朔　五月大戊辰朔　六月小戊戌朔　七月大丁卯朔　八月小丁酉朔　閏八月大丙寅朔　九月大丙申朔　十月小丙寅朔　十一月大乙未朔　十二月小乙丑朔

《經》："四月辛丑，陳侯溺卒。"三日。"十月壬午，楚師滅陳。"十七日。《傳》言十一月。誤。

《傳》："三月甲申，公子招、公子過殺悼太子偃師，而立公子留。"十六日。"七月甲戌，齊子尾卒。"八日。"丁丑，殺梁嬰。"十一日。"八月庚戌，逐子成、子工、子車。"十四日。

昭公九年戊辰。建子。

正月元日甲午冬至。

正月大甲午朔　二月小甲子朔　三月大癸巳朔　四月小癸亥朔　五月大壬辰朔　六月小壬戌朔　七月大辛卯朔　八月小辛酉朔　九月大庚寅朔　十月小庚申朔　十一月大己丑朔　十二月小己未朔

《傳》：“二月庚申，楚公子棄疾遷許于夷，實城父。”此月無庚申。誤。

昭公十年己巳。建子。

正月十二日己亥冬至。

正月大戊子朔　二月大戊午朔　三月小戊子朔　四月大丁巳朔　五月小丁亥朔　六月大丙辰朔　七月小丙戌朔　八月大乙卯朔　九月小乙酉朔　十月大甲寅朔　十一月小甲申朔　十二月大癸丑朔

《經》：“七月戊子，晉侯彪卒。”三日。“十有二月甲子，宋成公卒。”十二日。

《傳》：“五月庚辰，戰于稷。”五月無庚辰。

昭公十一年庚午。建子。

正月廿二日甲辰冬至。是年有閏。

194

正月小癸未朔　二月大壬子朔　三月小壬午朔　四月大辛亥朔　五月小辛巳朔　六月大庚戌朔　七月小庚辰朔　八月大己酉朔　九月小己卯朔　十月大戊申朔　十一月小戊寅朔　十二月大丁未朔　閏十二月小丁丑朔

《經》：“四月丁巳，楚子虔誘蔡侯般殺之于申。”七日。“五月甲申，夫人歸氏薨。”四日。“九月己亥，葬我小君齊歸。”廿一日。“十有一月丁酉，楚師滅蔡。”廿日。

《傳》：“三月丙申，楚子伏甲而饗蔡侯于申。”十五日。

昭公十二年辛未。建子。

正月四日己酉冬至。

正月大丙午朔　二月大丙子朔　三月小丙午朔　四月大乙亥朔　五月小乙巳朔　六月大甲戌朔　七月小甲辰朔　八月大癸酉朔　九月小癸卯朔　十月大壬申朔　十一月小壬寅朔　十二月大辛未朔

《經》：“三月壬申，鄭伯嘉卒。”廿七日。

《傳》：“八月壬午，滅肥。”十日。“十月壬申朔，原輿人逐絞而立公子跪尋。”“丙申，殺甘悼公。”廿五日。“丁酉，殺獻太子之傅庚皮之子過。”廿六日。

昭公十三年壬申。建子。

正月十五日乙卯冬至。

正月小_{辛丑}朔　二月大_{庚午}朔　三月小_{庚子}朔　四月大_{己巳}朔　五月小_{己亥}朔　六月大_{戊辰}朔　七月大_{戊戌}朔　八月小_{戊辰}朔　九月大_{丁酉}朔　十月小_{丁卯}朔　十一月大_{丙申}朔　十二月大_{丙寅}朔

《經》："八月甲戌，同盟于平邱。"七日。

《傳》："五月乙卯，夜，棄疾使周走而呼曰：王至矣。"十七日。"癸亥，王縊于芋尹申亥氏。"廿五日。"丙辰，棄疾即位。"十八日。"七月丙寅，治兵于郟南。"廿九日。"八月辛未，治兵。建而不斾。"四日。"壬申，復斾之。"五日。"癸酉，退朝。"六日。

昭公十四年癸酉。建子。

正月廿五日庚申冬至。

正月小_{丙申}朔　二月大_{乙丑}朔　三月小_{乙未}朔　四月大_{甲子}朔　五月小_{甲午}朔　六月大_{癸亥}朔　七月小_{癸巳}朔　八月大_{壬戌}朔　九月小_{壬辰}朔　十月大_{辛酉}朔　十一月小_{辛卯}朔　十二月大_{庚申}朔

《傳》："九月甲午，楚子殺鬬成然。"三日。

昭公十五年甲戌。建亥。

二月七日乙丑冬至。是年有閏。

正月小_{庚寅}朔　二月大_{己未}朔　三月小_{己丑}朔　四月大_{戊午}

朔　五月小_{戊子朔}　六月大_{丁巳朔}　七月大_{丁亥朔}　八月小_{丁巳}
朔　閏八月大_{丙戌朔}　九月小_{丙辰朔}　十月大_{乙酉朔}　十一月小
_{乙卯朔}　十二月大_{甲申朔}

《經》："二月癸酉，有事于武宫。"十五日。"六月丁巳朔，日有食之。"

《傳》："六月乙丑，王太子壽卒。"九日。"八月戊寅。王穆后崩。"廿二日。

昭公十六年乙亥。建子。

　　　正月十七日庚午冬至。

　　正月小_{甲寅朔}　二月大_{癸未朔}　三月小_{癸丑朔}　四月大_{壬午}
朔　五月小_{壬子朔}　六月大_{辛巳朔}　七月小_{辛亥朔}　八月大_{庚辰}
朔　九月小_{庚戌朔}　十月大_{己卯朔}　十一月小_{己酉朔}　十二月大
_{戊寅朔}

《經》："八月己亥，晉侯夷卒。"廿日。

《傳》："二月丙申，齊師至于蒲。"十四日。

昭公十七年丙子。建子。

　　　正月廿八日丙子冬至。是年有閏。按已過閏限，當閏天正歲終十二月。

　　正月小_{戊申朔}　二月大_{丁丑朔}　三月小_{丁未朔}　四月大_{丙子}
朔　五月小_{丙午朔}　六月大_{乙亥朔}　七月小_{乙巳朔}　八月大_{甲戌}

朔　九月小_{甲辰}朔　十月大_{癸酉}朔　十一月小_{癸卯}朔　十二月大_{壬申}朔　閏十二月大_{壬寅}朔

《經》："六月甲戌朔，日有食之。"是月無日食，誤。日食在十月癸酉朔。

《傳》："九月丁卯，晉荀吳帥師涉自棘津。"廿四日。"庚午，遂滅陸渾。"廿七日。

昭公十八年丁丑。建子。

正月十日辛巳冬至。

正月小_{壬申}朔　二月大_{辛丑}朔　三月小_{辛未}朔　四月大_{庚子}朔　五月小_{庚午}朔　六月大_{己亥}朔　七月小_{己巳}朔　八月大_{戊戌}朔　九月大_{戊辰}朔　十月小_{戊戌}朔　十一月大_{丁卯}朔　十二月小_{丁酉}朔

《經》："五月壬午，宋、衛、陳、鄭災。"十三日。

《傳》："二月乙卯，周毛得殺毛伯過。"十五日。"五月丙子，風。"七日。"戊寅，風甚。"九日。

昭公十九年戊寅。建子。

正月廿一日丙戌冬至。

正月大_{丙寅}朔　二月小_{丙申}朔　三月大_{乙丑}朔　四月小_{乙未}朔　五月大_{甲子}朔　六月小_{甲午}朔　七月大_{癸亥}朔　八月小_{癸巳}朔　九月大_{壬戌}朔　十月小_{壬辰}朔　十一月大_{辛酉}朔　十二月小

辛卯朔

《經》：“五月戊辰，許世子止弑其君買。”五日。“己卯，地震。”十六日。

《傳》：“五月乙亥，同盟于蟲。”十二日。“七月丙子，齊師入紀。”十四日。

昭公二十年己卯。建亥。

二月二日辛卯冬至。是年有閏。

正月大庚申朔　二月大庚寅朔　三月小庚申朔　四月大己丑朔　五月小己未朔　六月大戊子朔　七月小戊午朔　八月大丁亥朔　閏八月小丁巳朔　九月大丙戌朔　十月小丙辰朔　十一月大乙酉朔　十二月大乙卯朔

《經》：“十有一月辛卯，蔡侯盧卒。”七日。

《傳》：“二月己丑，日南至。”按己丑爲正月之晦。“六月丙申，殺公子寅、公子御戎、公子朱、公子固、公孫援、公孫丁。”九日。“癸卯，取大子欒與母弟辰、公子地以爲質。”十六日。“丙辰，衛侯在平壽。”廿九日。“丁巳晦，公入。”“七月戊午朔，遂盟國人。”“八月辛亥，公子朝、褚師圃、子玉霄、子高魴出奔晉。”廿五日。“閏月戊辰，殺宣姜。”十二日。“十月戊辰，華向奔陳。”十三日。

昭公二十一年庚辰。建子。

正月廿三日丁酉冬至。

正月小乙酉朔　二月大甲寅朔　三月小甲申朔　四月大癸丑朔　五月小癸未朔　六月大壬子朔　七月小壬午朔　八月大辛亥朔　九月小辛巳朔　十月大庚戌朔　十一月大庚辰朔　十二月小庚戌朔

《經》："七月壬午朔，日有食之。""八月乙亥，叔輒卒。"廿五日。

《傳》："五月丙申，子皮將見司馬而行。"十四日。"壬寅，華向入。"廿日。"六月庚午，宋城舊鄘。"十九日。"十月丙寅，齊師、宋師敗吳師于鴻口。"十七日。"十一月癸未，公子城以晉師至。"四日。"丙戌，與華氏戰于赭邱。"七日。

昭公二十二年辛巳。建子。

正月廿四日壬寅冬至。是年有閏。按已過閏限，當閏五月。

正月大己卯朔　二月小己酉朔　三月大戊寅朔　四月小戊申朔　五月大丁丑朔　六月小丁未朔　七月大丙子朔　八月小丙午朔　九月大乙亥朔　十月小乙巳朔　十一月大甲戌朔　十二月小甲辰朔　閏十二月小癸酉朔[一二]

《經》："四月乙丑，天王崩。"十八日。"十有二月癸酉朔，日有食之。"

《傳》："二月甲子，齊北郭啓帥師伐莒。"十六日。"己巳，宋華亥、向寧、華定、華貙、華登、皇奄傷、省臧、士平出奔楚。"廿一日。"四月戊辰，劉子摯卒。"廿一日。"五月庚辰，見王。"

四日。"六月丁巳,葬景王。"十一日。"壬戌,劉子奔揚。"十六
日。"癸亥,單子出。"十七日。"乙丑,奔于平畤。"十九日。
"丙寅,伐之。"廿日。"辛未,鞏簡公敗績於京。"廿五日。"乙
亥,甘平公亦敗焉。"廿九日。"七月戊寅,以王如平畤,遂如圉
軍,次于皇。"三日。"辛卯,鄩肸伐皇。"十六日。"壬辰,焚諸
王城之市。"十七日。"八月辛酉,司徒醜以王師敗績于前城。"
十六日。"己巳,伐單氏之宮。"廿四日。"庚午,反伐之。"廿五
日。"辛未,伐東圉。"廿六日。"十月丁巳,晉籍談、荀躒帥九
州之戎及焦、瑕、溫、原之師。"十三日。"庚申,單子、劉蚡以王
師敗績于郊。"十六日。"十一月乙酉,王子猛卒。"十二日。
《經》書十月。誤。"己丑,敬王即位。"十六日。"十二月庚戌,
晉籍談、荀躒、賈辛、司馬督[一三]帥師軍於陰。"七日。"閏月辛
丑,伐京。"二十九日。

昭公二十三年壬午。建子。

正月五日丁未冬至。

正月小壬寅朔[一四]　　二月大壬申朔　　三月大壬寅朔　　四月小
壬申朔　　五月大辛丑朔　　六月小辛未朔　　七月大庚子朔　　八月小庚
午朔　　九月大己亥朔　　十月小己巳朔　　十一月大戊戌朔　　十二月
小戊辰朔

《經》:"正月癸丑,叔鞅卒。"十二日。"七月戊辰,吳敗頓、
胡、沈、蔡、陳、許之師于雞父。"廿九日。"八月乙未,地震。"廿
六日。

201

《傳》："正月壬寅朔,二師圍郊。""癸卯,郊、鄩潰。"二日。"丁未,晉師在平陰。"六日。"庚戌,還。"九日。"四月乙酉,單子取訾。"十四日。"六月壬午,王子朝入于尹。"十二日。"癸未,尹圉誘劉佗殺之。"十三日。"丙戌,單子從阪道,劉子從尹道伐尹。"十六日。"己丑,召伯奐、南宮極以成周人戍尹。"十九日。"庚寅,單子、劉子、樊齊以王如劉。"廿日。"甲午,王子朝入于王城。"廿四日。"七月戊申,鄩羅納諸莊宮。"九日。"丙辰,又敗諸鄩。"十七日。"甲子,尹辛取西闈。"廿五日。"丙寅,攻蒯。"廿七日。"八月丁酉,南宮極震。"廿八日[一五]。"十月甲申,吳太子諸樊入郢。"十六日。

昭公二十四年癸未。建子。

正月十六日壬子冬至。

正月大丁酉朔　二月小丁卯朔　三月大丙申朔　四月小丙寅朔　五月大乙未朔　六月大乙丑朔　七月小乙未朔　八月大甲子朔　九月小甲午朔　十月大癸亥朔　十一月小癸巳朔　十二月大壬戌朔

《經》："二月丙戌,仲孫貜卒。"廿日。"五月乙未朔,日有食之。""丁酉,杞伯郁釐卒。"丁酉,九月四日。八月無丁酉。誤。

《傳》："正月辛丑,召簡公、南宮嚚以甘桓公見王子朝。"五日。"戊午,王子朝入于鄔。"廿二日。"三月庚戌,晉侯使士景伯涖周問故。"十五日。"六月壬申,王子朝之師攻瑕及杏。"八日。"十月癸酉,王子朝用成周之寶珪于河。"十一日。"甲戌,津人得諸河上。"十二日。

昭公二十五年甲申。建子。

正月廿七日戊午冬至。是年有閏。

正月小壬辰朔　二月大辛酉朔　三月小辛卯朔　四月大庚申朔　五月小庚寅朔　六月大己未朔　七月大己丑朔　八月小己未朔　九月大戊子朔　十月小戊午朔　十一月大丁亥朔　十二月小丁巳朔　閏十二月大丙戌朔

《經》:"七月上辛,大雩。季辛,又雩。"上辛,辛卯三日。季辛,辛亥廿三日。"九月己亥,公孫于齊。"十二日。"十月戊辰,叔孫婼卒。"十一日。"十有一月己亥,宋公佐卒于曲棘。"十三日。

《傳》:"九月戊戌,伐季氏。"十一日。"十月辛酉,昭子齊于其寢。"四日。"壬申,尹文公涉于鞏。"十五日。"十二月庚辰,齊侯圍鄆。"廿四日。

昭公二十六年乙酉。建子。

正月八日癸亥冬至。

正月小丙辰朔　二月大乙酉朔　三月小乙卯朔　四月大甲申朔　五月小甲寅朔　六月大癸未朔　七月小癸丑朔　八月大壬午

朔　九月小_{壬子朔}　十月大_{辛巳朔}　十一月小_{辛亥朔}　十二月大_{庚辰朔}

《經》："九月庚申，楚子居卒。"九日。

《傳》："正月庚申，齊侯取鄆。"五日。"五月戊午，劉人敗王城之師于尸氏。"五日。"戊辰，王城人、劉人戰于施谷。"十五日。"七月己巳，劉子以王出。"十七日。"庚午，次于渠。"十八日。"丙子，王宿于褚氏。"廿四日。"丁丑，王次于萑谷。"廿五日。"庚辰，王入于胥靡。"廿八日。"辛巳，王次于滑。"廿九日。"十月丙申，王起師于滑。"十六日。"辛丑，在郊。"廿一日。"十一月辛酉，晉師克鞏。"十一日。"癸酉，王入于成周。"廿三日。"甲戌，盟于襄宮。"廿四日。"十二月癸未，王入于莊宮。"四日。

昭公二十七年丙戌。建子。

正月十九日戊辰冬至。

正月小_{庚戌朔}　二月大_{己卯朔}　三月小_{己酉朔}　四月大_{戊寅朔}　五月小_{戊申朔}　六月大_{丁丑朔}　七月小_{丁未朔}　八月大_{丙子朔}　九月小_{丙午朔}　十月大_{乙亥朔}　十一月小_{乙巳朔}　十二月大_{甲戌朔}

《傳》："九月己未，子常殺費無極與鄢將師。"十四日。

昭公二十八年丁亥。建亥。

二月一日癸酉冬至。是年有閏。

正月小_{甲辰}朔　二月大_{癸酉}朔　三月大_{癸卯}朔　四月小_{癸酉}

朔　五月大_{壬寅}朔　閏五月小_{壬申}朔　六月大_{辛丑}朔　七月小_{辛未}

朔　八月大_{庚子}朔　九月小_{庚午}朔　十月大_{己亥}朔　十一月小_{己巳}

朔　十二月大_{戊戌}朔

《經》："四月丙戌，鄭伯寧卒。"十四日。"七月癸巳，滕子寧卒。"廿三日。

昭公二十九年戊子。建子。

正月十二日己卯冬至。

正月小_{戊辰}朔　二月大_{丁酉}朔　三月小_{丁卯}朔　四月大_{丙申}

朔　五月小_{丙寅}朔　六月大_{乙未}朔　七月大_{乙丑}朔　八月小_{乙未}

朔　九月大_{甲子}朔　十月小_{甲午}朔　十一月大_{癸亥}朔　十二月小
_{癸巳}朔

《經》："四月庚子，叔詣卒。"五日。

《傳》："三月己卯，京師殺召伯盈、尹氏固及原伯魯之子。"十三日。"五月庚寅，王子趙車入于鄻以叛。"廿五日。

昭公三十年己丑。建子。

正月廿三日甲申冬至。是年有閏。

正月大_{壬戌}朔　二月小_{壬辰}朔　三月大_{辛酉}朔　四月小_{辛卯}

朔　五月大_{庚申}朔　閏五月小_{庚寅}朔　六月大_{己未}朔　七月小_{己丑}

朔　八月大_{戊午}朔　九月大_{戊子}朔　十月小_{戊午}朔　十一月大_{丁亥}

朔　十二月小丁巳朔

《經》："六月庚辰，晉侯去疾卒。"廿二日。

《傳》："十二月己卯，滅徐。"廿三日。

昭公三十一年庚寅。建子。

正月四日己丑冬至。

正月大丙戌朔　　二月小丙辰朔　　三月大乙酉朔　　四月小乙卯
朔　五月大甲申朔　　六月小甲寅朔　　七月大癸未朔　　八月小癸丑
朔　九月大壬午朔　　十月大壬子朔　　十一月小壬午朔　　十二月大
辛亥朔

《經》："四月丁巳，薛伯穀卒。"三日。"十有二月辛亥朔，
日有食之。"

昭公三十二年辛卯。建子。

正月十四日甲午冬至。

正月小辛巳朔　　二月大庚戌朔　　三月小庚辰朔　　四月大己酉
朔　五月小己卯朔　　六月大戊申朔　　七月小戊寅朔　　八月大丁未
朔　九月小丁丑朔　　十月大丙午朔　　十一月大丙子朔　　十二月小
丙午朔

《經》："十有二月己未，公薨于乾侯。"十四日。

《傳》："十一月己丑，士彌牟營成周。"十四日。

定公元年壬辰。建子。

正月廿六日庚子冬至。

正月大乙亥朔　二月小乙巳朔　三月大甲戌朔　四月小甲辰朔　五月大癸酉朔　六月小癸卯朔　七月大壬申朔　八月小壬寅朔　九月大辛未朔　十月小辛丑朔　十一月大庚午朔　十二月小庚子朔

《經》:"六月癸亥,公之喪至自乾侯。"廿一日。"戊辰,公即位。"廿六日。"七月癸巳,葬我君昭公。"廿二日。

《傳》:"正月辛巳,晉魏舒合諸侯之大夫于狄泉。"七日。"庚寅,栽。"十六日。

定公二年癸巳。建子。

正月七日乙巳冬至。是年有閏。

正月大己巳朔　二月小己亥朔　三月大戊辰朔　四月大戊戌朔　五月小戊辰朔　閏五月大丁酉朔　六月小丁卯朔　七月大丙申朔　八月小丙寅朔　九月大乙未朔　十月小乙丑朔　十一月大甲午朔　十二月大甲子朔

《經》:"五月壬辰,雉門及兩觀災。"廿五日。

《傳》:"四月辛酉,鞏氏之羣子弟賊簡公。"廿四日。

定公三年甲午。建子。

正月十七日庚戌冬至。

207

正月小_{甲午朔}　二月大_{癸亥朔}　三月小_{癸巳朔}　四月大_{壬戌}朔　五月小_{壬辰朔}　六月大_{辛酉朔}　七月小_{辛卯朔}　八月大_{庚申}朔　九月小_{庚寅朔}　十月大_{己未朔}　十一月小_{己丑朔}　十二月大_{戊午朔}

《經》："二月辛卯，邾子穿卒。"廿九日。

定公四年乙未。建子。

正月廿八日乙卯冬至。是年有閏。

正月小_{戊子朔}　二月大_{丁巳朔}　三月大_{丁亥朔}　四月小_{丁巳}朔　五月大_{丙戌朔}　六月小_{丙辰朔}　七月大_{乙酉朔}　八月小_{乙卯}朔　九月大_{甲申朔}　十月小_{甲寅朔}　閏十月大_{癸未朔}　十一月小_{癸丑朔}　十二月大_{壬午朔}

《經》："二月癸巳，陳侯吳卒。"癸巳，在正月六日。書二月，誤。"四月庚辰，蔡公孫姓帥師滅沈。"廿四日。"十有一月庚午，蔡侯以吳子及楚人戰于柏舉。"十八日。"庚辰，吳入郢。"廿八日。

《傳》："己卯，楚子取其妹季羋畀我以出。"己卯，十一月廿七日。

定公五年丙申。建子。

正月九日庚申冬至。

正月小_{壬子朔}　二月大_{辛巳朔}　三月小_{辛亥朔}　四月大_{庚辰}

208

朔　五月大_{庚戌朔}　六月小_{庚辰朔}　七月大_{己酉朔}　八月小_{己卯}
朔　九月大_{戊申朔}　十月小_{戊寅朔}　十一月大_{丁未朔}　十二月小
_{丁丑朔}

《經》："三月辛亥朔，日有食之。""六月丙申，季孫意如
卒。"十七日。"七月壬子，叔孫不敢卒。"四日。

《傳》："七月乙亥，陽虎囚季桓子及公父文伯。"[一六]廿七
日。"十月丁亥，殺公何貌。"十日。"己丑，盟桓子于稷門之
內。"十二日。"庚寅，大詛。"十三日。

定公六年丁酉。建子。

正月廿一日丙寅冬至。

正月大_{丙午朔}　二月小_{丙子朔}　三月大_{乙巳朔}　四月小_{乙亥}
朔　五月大_{甲辰朔}　六月小_{甲戌朔}　七月大_{癸卯朔}　八月小_{癸酉}
朔　九月大_{壬寅朔}　十月大_{壬申朔}　十一月小_{壬寅朔}　十二月大
_{辛未朔}

《經》："正月癸亥，鄭游速帥師滅許。"十八日。

《傳》："四月己丑，吳太子終纍敗楚舟師。"十五日。

定公七年戊戌。建亥。

二月二日辛未冬至。是年有閏。

正月小_{辛丑朔}　二月大_{庚午朔}　三月小_{庚子朔}　四月大_{己巳}
朔　五月小_{己亥朔}　六月大_{戊辰朔}　七月小_{戊戌朔}　八月大_{丁卯}

朔　九月小丁酉朔　十月大丙寅朔　十一月小丙申朔　十二月大乙丑朔　閏十二月小乙未朔

《傳》："十一月戊午，單子、劉子逆王于慶氏。"廿三日。"己巳，王入于王城。"己巳，十二月五日。史官失書月。

定公八年己亥。建子。

正月十三日丙子冬至。

正月大甲子朔　二月大甲午朔　三月小甲子朔　四月大癸巳朔　五月小癸亥朔　六月大壬辰朔　七月小壬戌朔　八月大辛卯朔　九月小辛酉朔　十月大庚寅朔　十一月小庚申朔　十二月大己丑朔

《經》："七月戊辰，陳侯柳卒。"七日。

《傳》："二月己丑，單子伐穀城，劉子伐儀栗。"己丑，三月廿六日。"辛卯，單子伐簡城，劉子伐盂。"辛卯，三月廿八日。"十月辛卯，禘于僖公。"二日。"壬辰，將享季氏于蒲圃而殺之。"三日。"戒都車曰：癸巳至。"四日。

定公九年庚子。建子。

正月廿三日辛巳冬至。

正月小己未朔　二月大戊子朔　三月小戊午朔　四月大丁亥朔　五月大丁巳朔　六月小丁亥朔　七月大丙辰朔　八月小丙戌朔　九月大乙卯朔　十月小乙酉朔　十一月大甲寅朔　十二月小

甲申朔

《經》："四月戊申，鄭伯齕卒。"廿二日。

定公十年辛丑。建亥。

二月五日丁亥冬至。是年有閏。

正月大癸丑朔　　二月小癸未朔　　三月大壬子朔　　四月小壬午
朔　五月大辛亥朔　　六月小辛巳朔　　閏六月大庚戌朔　　七月大庚辰
朔　八月小庚戌朔　　九月大己卯朔　　十月小己酉朔　　十一月大戊寅
朔　十二月小戊申朔

定公十一年壬寅。建子。

正月十六日壬辰冬至。

正月大丁丑朔　　二月小丁未朔　　三月大丙子朔　　四月小丙午
朔　五月大乙亥朔　　六月小乙巳朔　　七月大甲戌朔　　八月小甲辰
朔　九月大癸酉朔　　十月小癸卯朔　　十一月大壬申朔　　十二月小
壬寅朔

定公十二年癸卯。建子。

正月廿七日丁酉冬至。是年有閏。按已過閏限，應
閏二月。

正月大辛未朔　二月小辛丑朔　三月大庚午朔　四月小庚子朔　五月大己巳朔　六月小己亥朔　七月大戊辰朔　八月小戊戌朔　九月大丁卯朔　十月小丁酉朔　十一月大丙寅朔　十二月小丙申朔　閏十二月大乙丑朔

《經》："十月癸亥，公會齊侯，盟于黃。"廿七日。"十有一月丙寅朔，日有食之。"

定公十三年甲辰。建子。

正月八日壬寅冬至。

正月小乙未朔　二月大甲子朔　三月小甲午朔　四月大癸亥朔　五月大癸巳朔　六月小癸亥朔　七月大壬辰朔　八月小壬戌朔　九月大辛卯朔　十月小辛酉朔　十一月大庚寅朔　十二月大庚申朔

《傳》："十一月丁未，荀寅、士吉射奔朝歌。"十八日。"十二月辛未，趙鞅入于絳。"十二日。

定公十四年乙巳。建子。

正月十九日戊申冬至。是年有閏。

正月小庚寅朔　二月大己未朔　三月小己丑朔　四月大戊午朔　五月小戊子朔　六月大丁巳朔　七月小丁亥朔　八月大丙辰朔　九月小丙戌朔　十月大乙卯朔　十一月小乙酉朔　十二月大甲寅朔　閏十二月小甲申朔

《經》："二月辛巳，楚公子結、陳公孫佗人帥師滅頓。"廿三日。

定公十五年丙午。建子。

正月元日癸丑冬至。

正月大癸丑朔　二月小癸未朔　三月大壬子朔　四月小壬午朔　五月大辛亥朔　六月小辛巳朔　七月大庚戌朔　八月小庚辰朔　九月大己酉朔　十月小己卯朔　十一月大戊申朔　十二月大戊寅朔

《經》："二月辛丑，楚子滅胡。"十九日。"五月辛亥，郊。"朔日。"壬申，公薨于高寢。"廿二日。"七月壬申，姒氏卒。"廿三日。"八月庚辰朔，日有食之。""九月丁巳，葬我君定公。雨，不克葬。"九日。"戊午，日下昃，乃克葬。"十日。"辛巳，葬定姒。"十月三日。失書月。

哀公元年丁未。建子。

正月十二日戊午冬至。

正月大丁未朔　二月小丁丑朔　三月大丙午朔　四月小丙子朔　五月大乙巳朔　六月小乙亥朔　七月大甲辰朔　八月小甲戌朔　九月大癸卯朔　十月小癸酉朔　十一月大壬寅朔　十二月小壬申朔

《經》："四月辛巳，郊。"六日。

哀公二年戊申。建子。

正月廿三日癸亥冬至。是年有閏。

正月大辛丑朔　二月小辛未朔　三月大庚子朔　四月小庚午朔　五月大己亥朔　六月大己巳朔　七月小己亥朔　八月大戊辰朔　九月小戊戌朔　十月大丁卯朔　十一月小丁酉朔　十二月大丙寅朔　閏十二月大丙申朔

《經》："二月癸巳,叔孫州仇、仲孫何忌及邾子盟于句繹。"廿三日。"四月丙子,衛侯元卒。"七日。"八月甲戌,晉趙鞅帥師及鄭罕達帥師戰于鐵。"七日。

《傳》："六月乙酉,晉趙鞅納衛太子于戚。"十七日。

哀公三年己酉。建子。

正月四日己巳冬至。

正月小丙寅朔　二月大乙未朔　三月小乙丑朔　四月大甲午朔　五月小甲子朔　六月大癸巳朔　七月小癸亥朔　八月大壬辰朔　九月小壬戌朔　十月大辛卯朔　十一月大辛酉朔　十二月小辛卯朔

《經》："四月甲午,地震。"朔日。"五月辛卯,桓宮、僖宮災。"廿八日。"七月丙子,季孫斯卒。"十四日。"十月癸卯,秦伯卒。"十三日。

《傳》："六月癸卯,周人殺萇宏。"十一日。"十月癸丑,奔邯鄲。"廿三日。

哀公四年庚戌。建子。

正月十五日甲戌冬至。

正月大庚申朔　二月小庚寅朔　三月大己未朔　四月小己丑朔　五月大戊午朔　六月小戊子朔　七月大丁巳朔　八月小丁亥朔　九月大丙辰朔　十月小丙戌朔　十一月大乙卯朔　十二月小乙酉朔

《經》：“二月庚戌，盜殺蔡侯申。”廿一日。“六月辛丑，亳社災。”十四日。“八月甲寅，滕子結卒。”廿八日。

《傳》：“七月庚午，圍五鹿。”十四日。

哀公五年辛亥。建子。

正月廿六日己卯冬至。是年有閏。

正月大甲寅朔　二月小甲申朔　三月大癸丑朔　四月小癸未朔　五月大壬子朔　六月小壬午朔　七月大辛亥朔　八月小辛巳朔　九月大庚戌朔　十月小庚辰朔　十一月大己酉朔　十二月小己卯朔　閏十二月大戊申朔

《經》：“九月癸酉，齊侯杵臼卒。”廿四日。“閏月，葬齊景公。”

哀公六年壬子。建子。

正月七日甲申冬至。

正月大_{戊寅朔}　二月小_{戊申朔}　三月大_{丁丑朔}　四月小_{丁未}
朔　五月大_{丙子朔}　六月小_{丙午朔}　七月大_{乙亥朔}　八月小_{乙巳}
朔　九月大_{甲戌朔}　十月小_{甲辰朔}　十一月大_{癸酉朔}　十二月小
_{癸卯朔}

《經》："七月庚寅，楚子軫卒。"十六日。

《傳》："六月戊辰，陳乞、鮑牧及諸大夫以甲入于公宮。"廿
三日。"十月丁卯，立之。"廿四日。

哀公七年癸丑。建子。

正月十八日庚寅冬至。是年有閏。

正月小_{癸酉朔}　二月大_{壬寅朔}　三月小_{壬申朔}　四月大_{辛丑}
朔　五月小_{辛未朔}　六月大_{庚子朔}　七月小_{庚午朔}　八月大_{己亥}
朔　九月小_{己巳朔}　十月大_{戊戌朔}　十一月小_{戊辰朔}　十二月大
_{丁酉朔}　閏十二月大_{丁卯朔}[一七]

《經》："八月己酉，入邾。"十一日。

哀公八年甲寅。建丑。

前年閏十二月廿九日乙未冬至。

正月小_{丁酉朔}　二月大_{丙寅朔}　三月小_{丙申朔}　四月大_{乙丑}
朔　五月小_{乙未朔}　六月大_{甲子朔}　七月小_{甲午朔}　八月大_{癸亥}
朔　九月小_{癸巳朔}　十月大_{壬戌朔}　十一月小_{壬辰朔}　十二月大
_{辛酉朔}

216

《經》:"十有二月癸亥,杞伯過卒。"三日。

哀公九年乙卯。建子。

正月十日庚子冬至。

正月大辛卯朔　二月小辛酉朔　三月大庚寅朔　四月小庚申朔　五月大己丑朔　六月小己未朔　七月大戊子朔　八月小戊午朔　九月大丁亥朔　十月大丁巳朔　十一月小丁亥朔　十二月大丙辰朔

《傳》:"二月甲戌,宋取鄭師于雍邱。"十四日。

哀公十年丙辰。建子。

正月廿日乙巳冬至。是年有閏。

正月小丙戌朔　二月大乙卯朔　三月小乙酉朔　四月大甲寅朔　五月小甲申朔　閏五月大癸丑朔　六月大癸未朔　七月小癸丑朔　八月大壬午朔　九月小壬子朔　十月大辛巳朔　十一月小辛亥朔　十二月大庚辰朔

《經》:"三月戊戌,齊侯陽生卒。"十四日。

哀公十一年丁巳。建子。

正月二日辛亥冬至。

正月小_{庚戌}朔　二月大_{己卯}朔　三月小_{己酉}朔　四月大_{戊寅}朔　五月小_{戊申}朔　六月大_{丁丑}朔　七月小_{丁未}朔　八月大_{丙子}朔　九月小_{丙午}朔　十月大_{乙亥}朔　十一月小_{乙巳}朔　十二月大_{甲戌}朔

《經》："五月甲戌，齊國書帥師及吳戰于艾陵。"廿七日。
"七月辛酉，滕子虞母卒。"十五日。

《傳》："五月，克博。壬申，至于嬴。"廿五日。

哀公十二年戊午。建子。

正月十三日丙辰冬至。

正月大_{甲辰}朔　二月小_{甲戌}朔^[一八]　三月大_{癸卯}朔　四月小_{癸酉}朔　五月大_{壬寅}朔　六月小_{壬申}朔　七月大_{辛丑}朔　八月小_{辛未}朔　九月大_{庚子}朔　十月小_{庚午}朔　十一月大_{己亥}朔　十二月小_{己巳}朔

《經》："五月甲辰，孟子卒。"三日。
《傳》："十二月丙申，圍宋師。"廿八日。

哀公十三年己未。建子。

正月廿四日辛酉冬至。是年有閏。

正月大_{戊戌}朔　二月大_{戊辰}朔　三月小_{戊戌}朔^[一九]　四月大_{丁卯}朔　五月小_{丁酉}朔　六月大_{丙寅}朔　七月小_{丙申}朔　八月大_{乙丑}朔　九月小_{乙未}朔　十月大_{甲子}朔　十一月小_{甲午}朔　十二月

大癸亥朔　閏十二月小癸巳朔

《傳》:"六月丙子,越子伐吳。"十一日。"乙酉,戰。"廿日。
"丙戌,復戰。"廿一日。"丁亥,入吳。"廿二日。"七月辛丑,
盟。"六日。

哀公十四年庚申。建子。

正月五日丙寅冬至。

正月大壬戌朔　二月小壬辰朔　三月大辛酉朔　四月小辛卯
朔　五月大庚申朔　六月大庚寅朔　七月小庚申朔　八月大己丑
朔　九月小己未朔　十月大戊子朔　十一月小戊午朔　十二月大
丁亥朔

《經》:"四月庚戌,叔還卒。"廿日。"五月庚申朔,日有食
之。""八月辛丑,仲孫何忌卒。"十三日。

《傳》:"五月壬申,成子兄弟四乘如公。"十三日。"庚辰,
陳恒執公于舒州。"廿一日。"六月甲午,齊陳恒弒其君壬于舒
州。"五日。

哀公十五年辛酉。建子。

正月十六日壬申冬至。

正月小丁巳朔　二月大丙戌朔　三月小丙辰朔　四月大乙酉
朔　五月小乙卯朔　六月大甲申朔　七月小甲寅朔　八月大癸未
朔　九月小癸丑朔　十月大壬午朔　十一月小壬子朔　十二月大

辛巳朔

《傳》："閏月，良夫與太子入。"此年無閏月，誤。蓋衛曆有閏，而魯曆無閏也。衛之閏月，即魯明年之正月。衛用商正，《經》特正之。

哀公十六年壬戌。建子。

正月廿七日丁丑冬至。是年有閏。

正月小辛亥朔　二月大庚辰朔　三月小庚戌朔　四月大己卯朔　五月大己酉朔　六月小己卯朔　七月大戊申朔　八月小戊寅朔　九月大丁未朔　十月小丁丑朔　十一月大丙午朔　十二月小丙子朔　閏十二月大乙巳朔

《經》："正月己卯，衛世子蒯瞶自戚入于衛。"廿九日。"四月己丑，孔丘卒。"十一日。

哀公十七年癸亥。建子。

正月八日壬午冬至。

正月小乙亥朔　二月大甲辰朔　三月小甲戌朔　四月大癸卯朔　五月大癸酉朔　六月小癸卯朔　七月大壬申朔　八月小壬寅朔　九月大辛未朔　十月小辛丑朔　十一月大庚午朔　十二月小庚子朔

《傳》："七月己卯，楚公孫朝帥師滅陳。"八日。"十一月辛巳,石圃因匠氏攻公。"十二日。

《春秋朔閏至日考》下卷終。門人吳縣葉耀元子成校字。

【校記】

[一]"伐",原文作"代",誤,徑改。

[二]原文作"四月小_{壬申朔}　閏四月大_{壬寅朔}",今改正。

[三]王韜《春秋朔至表》此年作"十一月大_{戊子朔}　十二月小_{戊午朔}　閏十二月大_{丁亥朔}"。

[四]王韜《春秋朔至表》此處作"正月小_{丁巳朔}"。

[五]"卒"字原文無,今據《左傳》補。

[六]五月乙丑朔,壬辰應是五月二十八日,非晦日。

[七]原文作"皈",今改之。

[八]原文作"字",今改之。

[九]王韜《春秋朔至表》此處作"十二月大_{乙亥朔}"。

[一〇]王韜《春秋朔至表》此年作"正月大_{乙巳朔}　二月小_{乙亥朔}　三月大_{甲辰朔}　四月小_{甲戌朔}　五月大_{癸卯朔}　六月小_{癸酉朔}　七月大_{壬寅朔}　八月小_{壬申朔}　九月大_{辛丑朔}　十月小_{辛未朔}　十一月大_{庚子朔}　十二月小_{庚午朔}"。

[一一]原文作"十一月小_{癸丑朔}　十二月大_{癸未朔}",今據王韜《春秋朔至表》改正。

[一二]王韜《春秋朔至表》此年作"閏十一月小_{甲辰朔}　十二月大_{癸酉朔}",昭公二十三年作"正月小_{癸卯朔}"。

[一三]奪"督"字,今據《左傳》補之。

[一四]王韜《春秋朔至表》此處作"正月小_{癸卯朔}"。

［一五］"廿八日"，原作"廿九日"，誤，徑改。

［一六］《左傳》："乙亥，陽虎囚季桓子及公父文伯"，叙在九月，這裏叙爲"七月乙亥"，不合《左傳》原文，應誤。

［一七］原文作"閏十二月小戊辰朔"，今據王韜《春秋朔至表》改正。

［一八］原文作"二月大甲戌朔"，今改正。

［一九］原文作"三月大戊戌朔"，今改正。

春秋朔至表

魯國紀年	冬至	正月	二月	三月	四月	五月	六月	七月	八月	九月	十月	十一月	十二月	閏月
隱公元年	上年十二月十三日癸亥	正月大辛巳朔	二月小辛亥朔	三月大庚辰朔	四月大庚戌朔	五月小庚辰朔	六月大己酉朔	七月小己卯朔	八月大戊申朔	九月小戊寅朔	十月大丁未朔	十一月小丁丑朔	十二月大丙午朔	
隱二年	上年十二月廿三日戊辰	正月大丙子朔	二月小丙午朔	三月大乙亥朔	四月小乙巳朔	五月大甲戌朔	六月小甲辰朔	七月大癸酉朔	八月小癸卯朔	九月大壬申朔	十月小壬寅朔	十一月大辛未朔	十二月小辛丑朔	閏十二月大庚午朔
隱三年	上年閏十二月初四日癸酉	正月小庚子朔	二月大己巳朔	三月小己亥朔	四月大戊辰朔	五月小戊戌朔	六月大丁卯朔	七月小丁酉朔	八月大丙寅朔	九月小丙申朔	十月大乙丑朔	十一月小乙未朔	十二月大甲子朔	
隱四年	上年十二月十六日己卯	正月大甲午朔	二月小甲子朔	三月大癸巳朔	四月小癸亥朔	五月大壬辰朔	六月小壬戌朔	七月大辛卯朔	八月小辛酉朔	九月大庚寅朔	十月小庚申朔	十一月大己丑朔	十二月小己未朔	
隱五年	上年十二月廿六日甲申	正月大戊子朔	二月小戊午朔	三月大丁亥朔	四月小丁巳朔	五月大丙戌朔	六月小丙辰朔	七月大乙酉朔	八月小乙卯朔	九月大甲申朔	十月小甲寅朔	十一月大癸未朔	十二月大癸丑朔	閏十二月小癸未朔
隱六年	上年閏十二月初七日己丑	正月大壬子朔	二月小壬午朔	三月大辛亥朔	四月小辛巳朔	五月大庚戌朔	六月小庚辰朔	七月大己酉朔	八月小己卯朔	九月大戊申朔	十月小戊寅朔	十一月大丁未朔	十二月小丁丑朔	
隱七年	上年十二月十八日甲午	正月大丙午朔	二月小丙子朔	三月大乙巳朔	四月小乙亥朔	五月大甲辰朔	六月小甲戌朔	七月大癸卯朔	八月小癸酉朔	九月大壬寅朔	十月小壬申朔	十一月大辛丑朔	十二月小辛未朔	閏十二月大庚子朔
隱八年	上年閏十二月三十日己巳	正月大庚午朔	二月小庚子朔	三月大己巳朔	四月小己亥朔	五月大戊辰朔	六月小戊戌朔	七月大丁卯朔	八月小丁酉朔	九月大丙寅朔	十月小丙申朔	十一月大乙丑朔	十二月小乙未朔	

續表

魯國紀年	冬至	正月	二月	三月	四月	五月	六月	七月	八月	九月	十月	十一月	十二月	閏月
					月　　朔									
隱九年	上年十二月十一日乙巳朔	正月小乙丑朔	二月大甲午朔	三月小甲子朔	四月大癸巳朔	五月小癸亥朔	六月大壬辰朔	七月大壬戌朔	八月大壬辰朔	九月大辛酉朔	十月小辛卯朔	十一月大庚申朔	十二月小庚寅朔	
隱十年	上年十二月廿一日庚戌朔	正月大己未朔	二月大己丑朔	三月小戊午朔	四月大戊子朔	五月大丁巳朔	六月小丁亥朔	七月大丙辰朔	八月大丙戌朔	九月大乙卯朔	十月小乙酉朔	十一月大甲寅朔	十二月大甲申朔	閏十二月小甲寅朔
隱十一年	上年閏十二月初二日乙卯朔	正月小癸丑朔	二月大壬午朔	三月大壬子朔	四月小壬午朔	五月大辛亥朔	六月小辛巳朔	七月大庚戌朔	八月大庚辰朔	九月大己酉朔	十月小己卯朔	十一月大戊申朔	十二月小戊寅朔	
桓公元年	上年十二月十四日辛酉朔	正月大丁未朔	二月小丁丑朔	三月大丙午朔	四月小丙子朔	五月大乙巳朔	六月大乙亥朔	七月小乙巳朔	八月小甲辰朔	九月大甲戌朔	十月大癸卯朔	十一月小癸酉朔	十二月大壬寅朔	
桓二年	上年十二月廿四日丙寅朔	正月小壬申朔	二月大辛丑朔	三月小辛未朔	四月大庚子朔	五月大庚午朔	六月小庚子朔	七月大己巳朔	八月小己亥朔	九月大戊辰朔	十月小戊戌朔	十一月大丁卯朔	十二月大丁酉朔	閏十二月大丙寅朔
桓三年	上年閏十二月初六日丁亥朔	正月大乙丑朔	二月大乙未朔	三月小乙丑朔	四月大甲午朔	五月小甲子朔	六月大癸巳朔	七月小癸亥朔	八月大壬辰朔	九月大壬戌朔	十月小壬辰朔	十一月大辛酉朔	十二月小辛卯朔	
桓四年	上年十二月十七日丙子朔	正月大庚申朔	二月小庚寅朔	三月大己未朔	四月小己丑朔	五月大戊午朔	六月小戊子朔	七月大丁巳朔	八月大丁亥朔	九月小丁巳朔	十月大丙戌朔	十一月大丙辰朔	十二月小丙戌朔	
桓五年	上年十二月廿八日壬午朔	正月大乙卯朔	二月小乙酉朔	三月大甲寅朔	四月小甲申朔	五月大癸丑朔	六月大癸未朔	七月小癸丑朔	八月大壬午朔	九月小壬子朔	十月大辛巳朔	十一月小辛亥朔	十二月大庚辰朔	閏十二月小庚戌朔
桓六年	上年閏十二月初九日丁丑朔	正月大己卯朔	二月大己酉朔	三月小己卯朔	四月大戊申朔	五月小戊寅朔	六月大丁未朔	七月小丁丑朔	八月大丙午朔	九月大丙子朔	十月小丙午朔	十一月大乙亥朔	十二月小乙巳朔	
桓七年	上年十二月二十日壬辰朔	正月大甲戌朔	二月小甲辰朔	三月大癸酉朔	四月小癸卯朔	五月大壬申朔	六月小壬寅朔	七月大辛未朔	八月大辛丑朔	九月小辛未朔	十月大庚子朔	十一月小庚午朔	十二月大己亥朔	閏十二月小己巳朔
桓八年	上年閏十二月初一日丁酉朔	正月大戊戌朔	二月大戊辰朔	三月小戊戌朔	四月大丁卯朔	五月小丁酉朔	六月大丙寅朔	七月小丙申朔	八月大乙丑朔	九月小乙未朔	十月大甲子朔	十一月小甲午朔	十二月大癸亥朔	閏十二月小癸巳朔

魯國紀年	冬至	月　朔												閏
桓九年	上年十二月十一日壬寅朔	正月大辛酉朔	二月大庚寅朔	三月小庚申朔	四月大己丑朔	五月小己未朔	六月大戊子朔	七月大戊午朔	八月大戊子朔	九月大丁巳朔	十月小丁亥朔	十一月大丙辰朔	十二月大丙戌朔	
桓十年	上年十二月廿三日戊申朔	正月大乙卯朔	二月小乙酉朔	三月大甲寅朔	四月小甲申朔	五月大癸丑朔	六月大癸未朔	七月大壬子朔	八月大壬午朔	九月大辛亥朔	十月大辛巳朔	十一月大庚戌朔	十二月大庚辰朔	閏十二月小庚戌朔
桓十一年	上年閏十二月初四日癸酉朔	正月小己酉朔	二月小己卯朔	三月大戊申朔	四月小戊寅朔	五月大丁未朔	六月小丁丑朔	七月大丙午朔	八月小丙子朔	九月大乙巳朔	十月大乙亥朔	十一月小乙巳朔	十二月大甲戌朔	
桓十二年	上年十二月十五日戊午朔	正月大癸卯朔	二月小癸酉朔	三月大壬寅朔	四月小壬申朔	五月大辛丑朔	六月小辛未朔	七月大庚子朔	八月大庚午朔	九月小庚子朔	十月大己巳朔	十一月小己亥朔	十二月大戊辰朔	
桓十三年	上年十二月廿六日癸亥朔	正月大戊戌朔	二月小戊辰朔	三月大丁酉朔	四月小丁卯朔	五月大丙申朔	六月小丙寅朔	七月大乙未朔	八月大乙丑朔	九月小乙未朔	十月大甲子朔	十一月小甲午朔	十二月大癸亥朔	閏十二月小癸巳朔
桓十四年	上年閏十二月初八日己巳朔	正月大壬戌朔	二月小壬辰朔	三月大辛酉朔	四月小辛卯朔	五月大庚申朔	六月大庚寅朔	七月小庚申朔	八月大己丑朔	九月小己未朔	十月大戊子朔	十一月小戊午朔	十二月大丁亥朔	
桓十五年	上年十二月十九日甲戌朔	正月大丙辰朔	二月小丙戌朔	三月大乙卯朔	四月小乙酉朔	五月大甲寅朔	六月小甲申朔	七月大癸丑朔	八月小癸未朔	九月大壬子朔	十月大壬午朔	十一月小壬子朔	十二月大辛巳朔	
桓十六年	上年十二月廿九日己卯朔	正月小辛亥朔	二月大庚辰朔	三月小庚戌朔	四月大己卯朔	五月小己酉朔	六月大戊寅朔	七月小戊申朔	八月大丁丑朔	九月小丁未朔	十月大丙子朔	十一月小丙午朔	十二月大乙亥朔	閏十二月小乙巳朔
桓十七年	上年閏十二月初十日甲申朔	正月大甲戌朔	二月小甲辰朔	三月大癸酉朔	四月小癸卯朔	五月大壬申朔	六月小壬寅朔	七月大辛未朔	八月小辛丑朔	九月大庚午朔	十月小庚子朔	十一月大己巳朔	十二月大己亥朔	
桓十八年	上年十二月廿一日庚寅朔	正月小己巳朔	二月大戊戌朔	三月小戊辰朔	四月大丁酉朔	五月小丁卯朔	六月大丙申朔	七月小丙寅朔	八月大乙未朔	九月小乙丑朔	十月大甲午朔	十一月小甲子朔	十二月大癸巳朔	
莊公元年	正月初三日乙未朔	正月小癸巳朔	二月大壬戌朔	三月小壬辰朔	四月大辛酉朔	五月小辛卯朔	六月大庚申朔	七月大庚寅朔	八月小庚申朔	九月大己丑朔	十月小己未朔	十一月大戊子朔	十二月大戊午朔	閏十二月大丁亥朔

續表

魯國紀年	冬至	正月	二月	三月	四月	五月	六月	七月	八月	九月	十月	十一月	十二月	閏
		月朔												
莊二年	上年十二月十四日庚子朔	正月小丁巳朔	二月大丙戌朔	三月小丙辰朔	四月大乙酉朔	五月小乙卯朔	六月大甲申朔	七月大甲寅朔	八月小甲申朔	九月大癸丑朔	十月小癸未朔	十一月大壬子朔	十二月小壬午朔	
莊三年	上年十二月廿四日乙巳朔	正月大辛亥朔	二月小辛巳朔	三月大庚戌朔	四月大庚辰朔	五月小庚戌朔	六月大己卯朔	七月大己酉朔	八月小己卯朔	九月大戊申朔	十月小戊寅朔	十一月大丁未朔	十二月小丁丑朔	閏十二月小丙午朔
莊四年	上年閏十二月初六日辛亥朔	正月大乙亥朔	二月小乙巳朔	三月大甲戌朔	四月小甲辰朔	五月大癸酉朔	六月大癸卯朔	七月小癸酉朔	八月大壬寅朔	九月小壬申朔	十月大辛丑朔	十一月大辛未朔	十二月小辛丑朔	
莊五年	上年十二月十七日丁巳朔	正月大庚午朔	二月小庚子朔	三月大己巳朔	四月小己亥朔	五月大戊辰朔	六月小戊戌朔	七月大丁卯朔	八月小丁酉朔	九月大丙寅朔	十月小丙申朔	十一月大乙丑朔	十二月小乙未朔	
莊六年	上年十二月廿七日辛酉朔	正月小甲子朔	二月大癸巳朔	三月小癸亥朔	四月大壬辰朔	五月小壬戌朔	六月大辛卯朔	七月小辛酉朔	八月大庚寅朔	九月小庚申朔	十月大己丑朔	十一月小己未朔	十二月大戊子朔	
莊七年	正月初九日丙寅朔	正月大戊午朔	二月小戊子朔	三月大丁巳朔	四月小丁亥朔	五月大丙辰朔	六月小丙戌朔	七月大乙卯朔	八月小乙酉朔	九月大甲寅朔	十月小甲申朔	十一月大癸丑朔	十二月大癸未朔	閏十二月小癸丑朔
莊八年	上年閏十二月二十日壬申朔	正月大壬午朔	二月小壬子朔	三月大辛巳朔	四月小辛亥朔	五月大庚辰朔	六月小庚戌朔	七月大己卯朔	八月大己酉朔	九月小己卯朔	十月大戊申朔	十一月小戊寅朔	十二月大丁未朔	
莊九年	正月初一日丁丑朔	正月大丁丑朔	二月小丁未朔	三月大丙子朔	四月小丙午朔	五月大乙亥朔	六月小乙巳朔	七月大甲戌朔	八月小甲辰朔	九月大癸酉朔	十月小癸卯朔	十一月大壬申朔	十二月小壬寅朔	閏十二月小辛未朔
莊十年	上年閏十二月十二日壬午朔	正月大庚子朔	二月小庚午朔	三月大己亥朔	四月小己巳朔	五月大戊戌朔	六月小戊辰朔	七月大丁酉朔	八月小丁卯朔	九月大丙申朔	十月大丙寅朔	十一月小丙申朔	十二月大乙丑朔	
莊十一年	上年十二月廿三日丁亥朔	正月大乙未朔	二月小乙丑朔	三月大甲午朔	四月小甲子朔	五月大癸巳朔	六月小癸亥朔	七月大壬辰朔	八月小壬戌朔	九月大辛卯朔	十月小辛酉朔	十一月大庚寅朔	十二月小庚申朔	閏十二月大己丑朔
莊十二年	上年閏十二月初五日癸巳朔	正月小己未朔	二月大戊子朔	三月小戊午朔	四月大丁亥朔	五月小丁巳朔	六月大丙戌朔	七月小丙辰朔	八月大乙酉朔	九月小乙卯朔	十月大甲申朔	十一月小甲寅朔	十二月大癸未朔	

續表

魯國紀年	冬至	正月朔	二月朔	三月朔	四月朔	五月朔	六月朔	七月朔	八月朔	九月朔	十月朔	十一月朔	十二月朔	閏十二月朔
莊十三年	上年十二月十六日戊戌	大癸丑朔	小癸未朔	大壬子朔	小壬午朔	大辛亥朔	小辛巳朔	大庚戌朔	小庚辰朔	大己酉朔	小己卯朔	大戊申朔	大戊寅朔	
莊十四年	上年十二月廿六日癸卯	大戊申朔	小戊寅朔	大丁未朔	小丁丑朔	大丙午朔	小丙子朔	大乙巳朔	小乙亥朔	大甲辰朔	小甲戌朔	大癸卯朔	小癸酉朔	大壬寅朔
莊十五年	上年閏十二月初七日戊申	小壬申朔	大辛丑朔	小辛未朔	大庚子朔	小庚午朔	大己亥朔	小己巳朔	大戊戌朔	小戊辰朔	大丁酉朔	小丁卯朔	大丙申朔	
莊十六年	上年十二月十九日甲寅	大丙寅朔	小丙申朔	大乙丑朔	小乙未朔	大甲子朔	小甲午朔	大癸亥朔	小癸巳朔	大壬戌朔	小壬辰朔	大辛酉朔	小辛卯朔	
莊十七年	上年十二月廿九日己未	大庚申朔	小庚寅朔	大己未朔	小己丑朔	大戊午朔	大戊子朔	小戊午朔	大丁亥朔	小丁巳朔	大丙戌朔	小丙辰朔	小乙酉朔	大甲寅朔
莊十八年	上年閏十二月十一日甲子	大甲申朔	小甲寅朔	大癸未朔	小癸丑朔	大壬午朔	小壬子朔	大辛巳朔	大辛亥朔	小辛巳朔	大庚戌朔	小庚辰朔	大己酉朔	
莊十九年	上年十二月廿一日己巳	小己卯朔	大戊申朔	小戊寅朔	大丁未朔	小丁丑朔	大丙午朔	小丙子朔	大乙巳朔	小乙亥朔	大甲辰朔	小甲戌朔	大癸卯朔	
莊二十年	正月初三日乙亥	大癸酉朔	小癸卯朔	大壬申朔	小壬寅朔	大辛未朔	小辛丑朔	大庚午朔	小庚子朔	大己巳朔	小己亥朔	大戊辰朔	小戊戌朔	大丁卯朔
莊廿一年	上年閏十二月十四日庚辰	小丁酉朔	大丙寅朔	小丙申朔	大乙丑朔	大乙未朔	小乙丑朔	大甲午朔	小甲子朔	大癸巳朔	小癸亥朔	小壬辰朔	大辛酉朔	
莊廿二年	上年十二月廿五日乙酉	大辛卯朔	小辛酉朔	大庚寅朔	小庚申朔	大己丑朔	小己未朔	大戊子朔	大戊午朔	小戊子朔	大丁巳朔	小丁亥朔	小丙辰朔	
莊廿三年	正月初六日庚寅	大乙酉朔	小乙卯朔	大甲申朔	小甲寅朔	大癸未朔	小癸丑朔	大壬午朔	小壬子朔	大辛巳朔	小辛亥朔	大庚辰朔	大庚戌朔	小庚辰朔

續表

魯國紀年	冬至	正月	二月	三月	四月	五月	六月	七月	八月	九月	十月	十一月	十二月	閏
莊廿四年	上年閏十二月十六日乙未	正月大己酉朔	二月小己卯朔	三月大戊申朔	四月小戊寅朔	五月大丁未朔	六月小丁丑朔	七月大丙午朔	八月小丙子朔	九月大乙巳朔	十月大乙亥朔	十一月小乙巳朔	十二月大甲戌朔	
莊廿五年	上年十二月廿八日辛丑	正月小甲辰朔	二月大癸酉朔	三月小癸卯朔	四月大壬申朔	五月小壬寅朔	六月大辛未朔	七月小辛丑朔	八月大庚午朔	九月小庚子朔	十月大己巳朔	十一月小己亥朔	十二月大戊辰朔	
莊廿六年	正月初九日丙午	正月大戊戌朔	二月小戊辰朔	三月大丁酉朔	四月小丁卯朔	五月大丙申朔	六月小丙寅朔	七月大乙未朔	八月小乙丑朔	九月大甲午朔	十月小甲子朔	十一月大癸巳朔	十二月小癸亥朔	閏十二月大壬辰朔
莊廿七年	上年閏十二月二十日辛亥	正月大壬戌朔	二月小壬辰朔	三月大辛酉朔	四月小辛卯朔	五月大庚申朔	六月小庚寅朔	七月大己未朔	八月小己丑朔	九月大戊午朔	十月小戊子朔	十一月大丁巳朔	十二月小丁亥朔	
莊廿八年	正月初一日丙辰	正月大丙辰朔	二月小丙戌朔	三月大乙卯朔	四月小乙酉朔	五月大甲寅朔	六月小甲申朔	七月大癸丑朔	八月小癸未朔	九月大壬子朔	十月小壬午朔	十一月大辛亥朔	十二月大辛巳朔	閏十二月小辛亥朔
莊廿九年	上年閏十二月十二日壬戌	正月大庚辰朔	二月小庚戌朔	三月大己卯朔	四月小己酉朔	五月大戊寅朔	六月小戊申朔	七月大丁丑朔	八月小丁未朔	九月大丙子朔	十月小丙午朔	十一月大乙亥朔	十二月大乙巳朔	
莊三十年	上年十二月廿三日丁卯	正月大乙亥朔	二月小乙巳朔	三月大甲戌朔	四月小甲辰朔	五月大癸酉朔	六月小癸卯朔	七月大壬申朔	八月小壬寅朔	九月大辛未朔	十月小辛丑朔	十一月大庚午朔	十二月小庚子朔	
莊卅一年	正月初四日壬申	正月大己巳朔	二月小己亥朔	三月大戊辰朔	四月小戊戌朔	五月大丁卯朔	六月小丁酉朔	七月大丙寅朔	八月小丙申朔	九月大乙丑朔	十月小乙未朔	十一月大甲午朔	十二月小甲子朔	閏十二月大癸亥朔
莊卅二年	上年閏十二月十五日丁丑	正月大癸巳朔	二月小癸亥朔	三月大壬辰朔	四月小壬戌朔	五月大辛卯朔	六月小辛酉朔	七月大庚寅朔	八月小庚申朔	九月大己丑朔	十月小己未朔	十一月大戊子朔	十二月小戊午朔	
閔公元年	上年十二月廿六日癸未	正月大丁亥朔	二月小丁巳朔	三月大丙戌朔	四月小丙辰朔	五月大乙酉朔	六月小乙卯朔	七月大甲申朔	八月小甲寅朔	九月大癸未朔	十月小癸丑朔	十一月大壬午朔	十二月大壬子朔	

續表

魯國紀年	冬至	月朔													
		正月	二月	三月	四月	五月	閏五月	六月	七月	八月	九月	十月	十一月	十二月	閏月
閔二年	正月初七日戊子朔	正月小 壬午朔	二月大 辛亥朔	三月小 辛巳朔	四月大 庚戌朔	五月小 庚辰朔	閏五月大 己酉朔	六月小 己卯朔	七月大 戊申朔	八月小 戊寅朔	九月大 丁未朔	十月小 丁丑朔	十一月大 丙午朔	十二月小 丙子朔	
僖公元年	上年十一月十八日癸亥朔	正月大 乙巳朔	二月大 乙亥朔	三月小 乙巳朔	四月大 甲戌朔	五月大 甲辰朔		六月小 甲戌朔	七月小 癸卯朔	八月大 壬申朔	九月大 壬寅朔	十月小 壬申朔	十一月小 辛丑朔	十二月小 庚子朔	閏十一月大 庚午朔
僖二年	上年閏十一月廿九日戊戌朔	正月大 己巳朔	二月小 己亥朔	三月大 戊辰朔	四月小 戊戌朔	五月大 丁卯朔		六月小 丁酉朔	七月大 丙寅朔	八月小 丙申朔	九月大 乙丑朔	十月小 乙未朔	十一月大 甲子朔	十二月大 甲午朔	
僖三年	上年十一月十一日甲戌朔	正月大 甲子朔	二月小 甲午朔	三月大 癸亥朔	四月小 癸巳朔	五月大 壬戌朔		六月小 壬辰朔	七月大 辛酉朔	八月小 辛卯朔	九月大 庚申朔	十月小 庚寅朔	十一月大 己未朔	十二月小 己丑朔	
僖四年	上年十一月廿一日己卯朔	正月大 戊午朔	二月小 戊子朔	三月大 丁巳朔	四月小 丁亥朔	五月大 丙辰朔		六月小 丙戌朔	七月大 乙卯朔	八月小 乙酉朔	九月大 甲寅朔	十月小 甲申朔	十一月大 癸丑朔	十二月小 癸未朔	
僖五年	正月初三日甲寅朔	正月大 壬子朔	二月小 壬午朔	三月大 辛亥朔	四月小 辛巳朔	五月大 庚戌朔		六月小 庚辰朔	七月大 己酉朔	八月小 己卯朔	九月大 戊申朔	十月小 戊寅朔	十一月大 丁未朔	十二月大 丁丑朔	
僖六年	正月十三日己未朔	正月大 丁未朔	二月小 丁丑朔	三月大 丙午朔	四月小 丙子朔	五月大 乙巳朔		六月小 乙亥朔	七月大 甲辰朔	八月小 甲戌朔	九月大 癸卯朔	十月小 癸酉朔	十一月大 壬寅朔	十二月小 壬申朔	
僖七年	正月廿五日乙丑朔	正月大 辛丑朔	二月小 辛未朔	三月大 庚子朔	四月小 庚午朔	五月大 己亥朔		六月小 己巳朔	七月大 戊戌朔	八月小 戊辰朔	九月大 丁酉朔	十月小 丁卯朔	十一月大 丙申朔	十二月小 丙寅朔	閏十二月大 乙未朔
僖八年	正月初六日庚午朔	正月大 乙丑朔	二月小 乙未朔	三月大 甲子朔	四月小 甲午朔	五月大 癸亥朔		六月小 癸巳朔	七月大 壬戌朔	八月小 壬辰朔	九月大 辛酉朔	十月小 辛卯朔	十一月大 庚申朔	十二月大 庚寅朔	
僖九年	正月十六日乙亥朔	正月小 庚申朔	二月大 己丑朔	三月小 己未朔	四月大 戊子朔	五月小 戊午朔		六月大 丁亥朔	七月小 丁巳朔	八月大 丙戌朔	九月小 丙辰朔	十月大 乙酉朔	十一月小 乙卯朔	十二月大 甲申朔	閏十二月大 甲寅朔

續表

魯國紀年	冬至	月朔													
		正月	二月	三月	四月	五月	六月	七月	八月	九月	十月	十一月	十二月	閏十二月
僖十年	上年閏十二月廿七日庚辰朔	正月小甲申朔	二月大癸丑朔	三月小癸未朔	四月大壬子朔	五月小壬午朔	六月大辛亥朔	七月小辛巳朔	八月大庚戌朔	九月小庚辰朔	十月大己酉朔	十一月小己卯朔	十二月大戊申朔	
僖十一年	正月初九日戊寅朔	正月小戊寅朔	二月大丁未朔	三月小丁丑朔	四月大丙午朔	五月小丙子朔	六月大乙巳朔	七月小乙亥朔	八月大甲辰朔	九月小甲戌朔	十月大癸卯朔	十一月小癸酉朔	十二月大壬寅朔	閏十二月大壬申朔
僖十二年	上年閏十二月二十日壬申朔	正月小壬寅朔	二月大辛未朔	三月小辛丑朔	四月大庚午朔	五月小庚子朔	六月大己巳朔	七月小己亥朔	八月大戊辰朔	九月小戊戌朔	十月大丁卯朔	十一月小丁酉朔	十二月大丙寅朔	
僖十三年	正月初一日丙申朔	正月小丙申朔	二月大乙丑朔	三月小乙未朔	四月大甲子朔	五月小甲午朔	六月大癸亥朔	七月小癸巳朔	八月大壬戌朔	九月小壬辰朔	十月大辛酉朔	十一月小辛卯朔	十二月大庚申朔	閏十二月大庚寅朔
僖十四年	上年閏十二月十一日庚寅朔	正月小庚申朔	二月大己丑朔	三月小己未朔	四月大戊子朔	五月小戊午朔	六月大丁亥朔	七月小丁巳朔	八月大丙戌朔	九月小丙辰朔	十月大乙酉朔	十一月小乙卯朔	十二月大甲申朔	
僖十五年	正月十二日甲寅朔	正月小甲寅朔	二月大癸未朔	三月小癸丑朔	四月大壬午朔	五月小壬子朔	六月大辛巳朔	七月小辛亥朔	八月大庚辰朔	九月小庚戌朔	十月大己卯朔	十一月小己酉朔	十二月大戊寅朔	
僖十六年	正月初四日戊申朔	正月小戊申朔	二月大丁丑朔	三月小丁未朔	四月大丙子朔	五月小丙午朔	六月大乙亥朔	七月小乙巳朔	八月大甲戌朔	九月小甲辰朔	十月大癸酉朔	十一月小癸卯朔	十二月大壬申朔	閏十二月大壬寅朔
僖十七年	正月十五日壬申朔	正月小壬申朔	二月大辛丑朔	三月小辛未朔	四月大庚子朔	五月小庚午朔	六月大己亥朔	七月小己巳朔	八月大戊戌朔	九月小戊辰朔	十月大丁酉朔	十一月小丁卯朔	十二月大丙申朔	
僖十八年	上年閏十二月廿六日丙寅朔	正月小丙寅朔	二月大乙未朔	三月小乙丑朔	四月大甲午朔	五月小甲子朔	六月大癸巳朔	七月小癸亥朔	八月大壬辰朔	九月小壬戌朔	十月大辛卯朔	十一月小辛酉朔	十二月大庚寅朔	
僖十九年	正月初八日庚申朔	正月小庚申朔	二月大己丑朔	三月小己未朔	四月大戊子朔	五月小戊午朔	六月大丁亥朔	七月小丁巳朔	八月大丙戌朔	九月小丙辰朔	十月大乙酉朔	十一月小乙卯朔	十二月大甲申朔	閏十二月大甲寅朔
僖二十年	上年閏十二月十九日甲寅朔	正月小甲申朔	二月大癸丑朔	三月小癸未朔	四月大壬子朔	五月小壬午朔	六月大辛亥朔	七月小辛巳朔	八月大庚戌朔	九月小庚辰朔	十月大己酉朔	十一月小己卯朔	十二月大戊申朔	
僖二十一年	正月十九日戊寅朔	正月小戊寅朔	二月大丁未朔	三月小丁丑朔	四月大丙午朔	五月小丙子朔	六月大乙巳朔	七月小乙亥朔	八月大甲辰朔	九月小甲戌朔	十月大癸卯朔	十一月小癸酉朔	十二月大壬寅朔	閏十二月小乙卯朔

魯國紀年	冬至	正月	二月	三月	四月	五月	六月	七月	八月	九月	十月	十一月	十二月	閏
僖廿一年	上年十二月廿九日戊寅朔	正月大己卯朔	二月小己酉朔	三月大戊寅朔	四月小戊申朔	五月小戊寅朔	六月大丁未朔	七月小丁丑朔	八月大丙午朔	九月大丙子朔	十月大乙巳朔	十一月小乙亥朔	十二月大甲辰朔	
僖廿二年	正月初十日癸未朔	正月小甲戌朔	二月大癸卯朔	三月小癸酉朔	四月大壬寅朔	五月小壬申朔	六月大辛丑朔	七月大辛未朔	八月小辛丑朔	九月大庚子朔	十月小庚午朔	十一月大己亥朔	十二月小己巳朔	閏十二月大壬戌朔
僖廿三年	正月廿一日戊子朔	正月大戊戌朔	二月大戊辰朔	三月小戊戌朔	四月大丁卯朔	五月小丁酉朔	六月大丙寅朔	七月小丙申朔	八月大乙丑朔	九月小乙未朔	十月大甲子朔	十一月大甲午朔	十二月小甲子朔	
僖廿四年	正月初三日甲午朔	正月小癸巳朔	二月大壬戌朔	三月小壬辰朔	四月大辛酉朔	五月大辛卯朔	六月小辛酉朔	七月大庚寅朔	八月小庚申朔	九月大己丑朔	十月小己未朔	十一月大戊子朔	十二月小戊午朔	
僖廿五年	正月十三日己亥朔	正月大丁亥朔	二月小丁巳朔	三月大丙戌朔	四月小丙辰朔	五月大乙酉朔	六月小乙卯朔	七月大甲申朔	八月小甲寅朔	九月大癸未朔	十月大癸丑朔	十一月小癸未朔	十二月大壬子朔	閏十二月大甲辰朔
僖廿六年	上年閏十二月廿四日甲辰朔	正月小辛亥朔	二月大庚辰朔	三月小庚戌朔	四月大己卯朔	五月小己酉朔	六月大戊寅朔	七月大戊申朔	八月小戊寅朔	九月大丁未朔	十月小丁丑朔	十一月大丙午朔	十二月小丙子朔	
僖廿七年	正月初五日己酉朔	正月大乙巳朔	二月大乙亥朔	三月小乙巳朔	四月大甲戌朔	五月小甲辰朔	六月大癸酉朔	七月小癸卯朔	八月大壬申朔	九月小壬寅朔	十月大辛未朔	十一月小辛丑朔	十二月大庚午朔	
僖廿八年	正月十六日乙卯朔	正月小庚子朔	二月大己巳朔	三月小己亥朔	四月大戊辰朔	五月大戊戌朔	六月小戊辰朔	七月大丁酉朔	八月小丁卯朔	九月大丙申朔	十月小丙寅朔	十一月大乙未朔	十二月小乙丑朔	
僖廿九年	正月廿七日庚申朔	正月大甲午朔	二月小甲子朔	三月大癸巳朔	四月小癸亥朔	五月大壬辰朔	六月小壬戌朔	七月大辛卯朔	八月小辛酉朔	九月大庚寅朔	十月大庚申朔	十一月小庚寅朔	十二月大己未朔	
僖三十年	正月初八日乙丑朔	正月小己丑朔	二月大戊午朔	三月小戊子朔	四月大丁巳朔	五月小丁亥朔	六月大丙辰朔	七月小丙戌朔	八月大乙卯朔	九月小乙酉朔	十月大甲寅朔	十一月小甲申朔	十二月大癸丑朔	
僖卅一年	正月十九日庚午朔	正月大壬午朔	二月小壬子朔	三月大辛巳朔	四月小辛亥朔	五月小辛巳朔	六月大庚戌朔	七月小庚辰朔	八月大己酉朔	九月大己卯朔	十月大戊申朔	十一月小戊寅朔	十二月小丁未朔	閏十二月小癸巳朔

231

續表

魯國紀年	冬至	正月	二月	三月	四月	五月	六月	七月	八月	閏八月	九月	十月	十一月	十二月	閏十二月
僖卅二年	二月初一日丙子朔	正月大丙午朔	二月大丙子朔	三月小丙午朔	四月大乙亥朔	五月小乙巳朔	六月小甲戌朔	七月大癸卯朔	八月大癸酉朔		九月小癸卯朔	十月大壬申朔	十一月小壬寅朔	十二月大辛未朔	
僖卅三年	二月十二日辛巳朔	正月小辛丑朔	二月大庚午朔	三月小庚子朔	四月大己巳朔	五月小己亥朔	六月大戊辰朔	七月小戊戌朔	八月大丁卯朔	閏八月小丁酉朔	九月大丙寅朔	十月小丙申朔	十一月大乙丑朔	十二月大乙未朔	
文公元年	正月廿二日丙戌朔	正月大乙丑朔	二月小乙未朔	三月大甲子朔	四月小甲午朔	五月大癸亥朔	六月小癸巳朔	七月大壬戌朔	八月小壬辰朔		九月大辛酉朔	十月小辛卯朔	十一月大庚申朔	十二月小庚寅朔	
文二年	正月初四日辛卯朔	正月大己未朔	二月小己丑朔	三月大戊午朔	四月小戊子朔	五月大丁巳朔	六月小丁亥朔	七月大丙辰朔	八月小丙戌朔		九月大乙卯朔	十月小乙酉朔	十一月大甲寅朔	十二月小甲申朔	
文三年	正月十五日丁酉朔	正月大癸丑朔	二月小癸未朔	三月大壬子朔	四月小壬午朔	五月大辛亥朔	六月小辛巳朔	七月大庚戌朔	八月小庚辰朔		九月大己酉朔	十月小己卯朔	十一月大戊申朔	十二月小戊寅朔	閏十二月大丁未朔
文四年	上年閏十二月廿六日壬寅朔	正月大丁丑朔	二月小丁未朔	三月大丙子朔	四月小丙午朔	五月大乙亥朔	六月小乙巳朔	七月大甲戌朔	八月小甲辰朔		九月大癸酉朔	十月小癸卯朔	十一月大壬申朔	十二月小壬寅朔	
文五年	正月初七日丁未朔	正月大辛未朔	二月小辛丑朔	三月大庚午朔	四月小庚子朔	五月大己巳朔	六月小己亥朔	七月大戊辰朔	八月小戊戌朔		九月大丁卯朔	十月小丁酉朔	十一月大丙寅朔	十二月小丙申朔	
文六年	正月十八日壬子朔	正月大乙丑朔	二月小乙未朔	三月大甲子朔	四月小甲午朔	五月大癸亥朔	六月小癸巳朔	七月大壬戌朔	八月小壬辰朔		九月大辛酉朔	十月小辛卯朔	十一月大庚申朔	十二月小庚寅朔	閏十二月大己未朔
文七年	上年閏十二月廿九日戊午朔	正月大己丑朔	二月小己未朔	三月大戊子朔	四月小戊午朔	五月大丁亥朔	六月小丁巳朔	七月大丙戌朔	八月小丙辰朔		九月大乙酉朔	十月小乙卯朔	十一月大甲申朔	十二月小甲寅朔	
文八年	正月初十日癸亥朔	正月小甲寅朔	二月大癸未朔	三月大壬午朔	四月小壬子朔	五月大辛巳朔	六月小辛亥朔	七月大庚辰朔	八月小庚戌朔		九月大己卯朔	十月小己酉朔	十一月大戊寅朔	十二月小戊申朔	

續表

魯國紀年	冬至	正月	二月	三月	四月	閏四月	五月	六月	七月	八月	閏八月	九月	十月	十一月	十二月	閏十二月
		月　朔														
文九年	正月廿一日戊辰朔	大戊申朔	小戊寅朔	大丁未朔	小丁丑朔		大丙午朔	大丙子朔	小丙午朔	大乙亥朔	小乙巳朔	大甲戌朔	小甲辰朔	大癸酉朔	小癸卯朔	
文十年	正月初二日癸酉朔	大壬申朔	小壬寅朔	大辛未朔	小辛丑朔		小庚午朔	大己亥朔	小己巳朔	大戊戌朔		小戊辰朔	大丁酉朔	小丁卯朔	大丙申朔	
文十一年	正月十四己卯朔	大丙寅朔	小丙申朔	大乙丑朔	小乙未朔		大甲子朔	小甲午朔	大癸亥朔	小癸巳朔		大壬戌朔	小壬辰朔	大辛酉朔	大辛卯朔	
文十二年	正月廿四甲申朔	大辛酉朔	小辛卯朔	大庚申朔	小庚寅朔	大己未朔	小己丑朔	大戊午朔	小戊子朔	大丁巳朔		小丁亥朔	大丙辰朔	小丙戌朔	大乙卯朔	
文十三年	正月初五己丑朔	大乙酉朔	小乙卯朔	大甲申朔	小甲寅朔		大癸未朔	小癸丑朔	大壬午朔	小壬子朔		大辛巳朔	小辛亥朔	大庚辰朔	小庚戌朔	
文十四年	正月十六甲午朔	大己卯朔	小己酉朔	大戊寅朔	小戊申朔		大丁丑朔	小丁未朔	大丙子朔	小丙午朔		大乙亥朔	小乙巳朔	大甲戌朔	小甲辰朔	
文十五年	正月廿八庚子朔	大癸酉朔	小癸卯朔	大壬申朔	小壬寅朔		大辛未朔	小辛丑朔	大庚午朔	小庚子朔		大己巳朔	小己亥朔	大戊辰朔	小戊戌朔	大丁卯朔
文十六年	正月初九乙巳朔	大丁酉朔	小丁卯朔	大丙申朔	小丙寅朔		大乙未朔	小乙丑朔	大甲午朔	小甲子朔		大癸巳朔	小癸亥朔	大壬辰朔	大壬戌朔	
文十七年	正月十九庚戌朔	大壬辰朔	小壬戌朔	大辛卯朔	小辛酉朔		大庚寅朔	小庚申朔	大己丑朔	小己未朔		大戊子朔	小戊午朔	大丁亥朔	小丁巳朔	
文十八年	二月初一乙卯朔	小丙戌朔	大乙卯朔	小乙酉朔	大甲寅朔		小甲申朔	大癸丑朔	小癸未朔	大壬子朔		小壬午朔	大辛亥朔	小辛巳朔	大庚戌朔	大庚辰朔

233

續表

魯國紀年	冬至	月　朔												閏
宣公元年	正月十二日辛酉朔	正月小庚戌朔	二月大己卯朔	三月小己酉朔	四月大戊寅朔	五月小戊申朔	六月大丁丑朔	七月小丁未朔	八月大丙子朔	九月小丙午朔	十月大乙亥朔	十一月小乙巳朔	十二月大甲戌朔	
宣二年	正月廿三日丙寅朔	正月大甲辰朔	二月小甲戌朔	三月大癸卯朔	四月小癸酉朔	五月大壬寅朔	六月小壬申朔	七月大辛丑朔	八月小辛未朔	九月大庚子朔	十月小庚午朔	十一月大己亥朔	十二月小己巳朔	
宣三年	二月初四日辛未朔	正月大戊戌朔	二月小戊辰朔	三月大丁酉朔	四月小丁卯朔	五月大丙申朔	六月小丙寅朔	七月大乙未朔	八月小乙丑朔	九月大甲午朔	十月小甲子朔	十一月大癸巳朔	十二月小癸亥朔	
宣四年	二月十五日丙子朔	正月大壬辰朔	二月小壬戌朔	三月大辛卯朔	四月小辛酉朔	五月大庚寅朔	六月大庚申朔	七月小庚寅朔	八月大己未朔	九月小己丑朔	十月大戊午朔	十一月小戊子朔	十二月大丁巳朔	閏十二月大丁亥朔
宣五年	正月廿五日辛巳朔	正月大丁巳朔	二月小丁亥朔	三月大丙辰朔	四月小丙戌朔	五月大乙卯朔	六月小乙酉朔	七月大甲寅朔	八月小甲申朔	九月大癸丑朔	十月小癸未朔	十一月大壬子朔	十二月小壬午朔	
宣六年	二月初七日丁亥朔	正月大辛亥朔	二月小辛巳朔	三月大庚戌朔	四月小庚辰朔	五月大己酉朔	六月小己卯朔	七月大戊申朔	八月小戊寅朔	九月大丁未朔	十月小丁丑朔	十一月大丙午朔	十二月小丙子朔	閏十二月大乙巳朔
宣七年	正月十八日壬辰朔	正月大乙亥朔	二月小乙巳朔	三月大甲戌朔	四月小甲辰朔	五月大癸酉朔	六月小癸卯朔	七月大壬申朔	八月小壬寅朔	九月大辛未朔	十月小辛丑朔	十一月大庚午朔	十二月小庚子朔	
宣八年	正月廿九日丁酉朔	正月大己巳朔	二月小己亥朔	三月大戊辰朔	四月小戊戌朔	五月大丁卯朔	六月大丙寅朔	七月小丙申朔	八月大乙丑朔	九月小乙未朔	十月大甲子朔	十一月小甲午朔	十二月大癸亥朔	閏五月小丁酉朔
宣九年	正月初十日壬寅朔	正月大癸巳朔	二月小癸亥朔	三月大壬辰朔	四月小壬戌朔	五月大辛卯朔	六月大辛酉朔	七月小辛卯朔	八月大庚申朔	九月小庚寅朔	十月大己未朔	十一月小己丑朔	十二月大戊午朔	
宣十年	正月廿一日戊申朔	正月大戊子朔	二月小戊午朔	三月大丁亥朔	四月小丁巳朔	五月大丙戌朔	六月小丙辰朔	七月大乙酉朔	八月小乙卯朔	九月大甲申朔	十月小甲寅朔	十一月大癸未朔	十二月小癸丑朔	閏十二月大壬午朔

續表

魯國紀年	冬至	月朔												閏
		正月	二月	三月	四月	五月	六月	七月	八月	九月	十月	十一月	十二月	
宣十一年	正月初二日癸丑朔	正月小壬子朔	二月大辛巳朔	三月小辛亥朔	四月大庚辰朔	五月小庚戌朔	六月大己卯朔	七月小己酉朔	八月大戊寅朔	九月小戊申朔	十月大丁丑朔	十一月小丁未朔	十二月大丙子朔	
宣十二年	正月十三日戊午朔	正月大丙午朔	二月小丙子朔	三月大乙巳朔	四月小乙亥朔	五月大甲辰朔	六月小甲戌朔	七月大癸卯朔	八月小癸酉朔	九月大壬寅朔	十月小壬申朔	十一月大辛丑朔	十二月小辛未朔	
宣十三年	正月廿四日癸亥朔	正月大庚子朔	二月小庚午朔	三月大己亥朔	四月小己巳朔	五月大戊戌朔	六月小戊辰朔	七月大丁酉朔	八月小丁卯朔	九月大丙申朔	十月小丙寅朔	十一月大乙未朔	十二月大乙丑朔	閏十二月小乙未朔
宣十四年	正月初六日己巳朔	正月大甲子朔	二月小甲午朔	三月大癸亥朔	四月小癸巳朔	五月大壬戌朔	六月小壬辰朔	七月大辛酉朔	八月小辛卯朔	九月大庚申朔	十月小庚寅朔	十一月大己未朔	十二月小己丑朔	
宣十五年	正月十七日甲戌朔	正月大戊午朔	二月小戊子朔	三月大丁巳朔	四月小丁亥朔	五月大丙辰朔	六月小丙戌朔	七月大乙卯朔	八月小乙酉朔	九月大甲寅朔	十月小甲申朔	十一月大癸丑朔	十二月大癸未朔	閏十二月小癸丑朔
宣十六年	上年閏十二月廿七日己卯朔	正月大壬午朔	二月小壬子朔	三月大辛巳朔	四月小辛亥朔	五月大庚辰朔	六月小庚戌朔	七月大己卯朔	八月小己酉朔	九月大戊寅朔	十月小戊申朔	十一月大丁丑朔	十二月大丁未朔	
宣十七年	正月初八日甲申朔	正月大丁丑朔	二月小丁未朔	三月大丙子朔	四月小丙午朔	五月大乙亥朔	六月小乙巳朔	七月大甲戌朔	八月小甲辰朔	九月大癸酉朔	十月小癸卯朔	十一月大壬申朔	十二月小壬寅朔	
宣十八年	正月二十日庚寅朔	正月大辛未朔	二月小辛丑朔	三月大庚午朔	四月小庚子朔	五月大己巳朔	六月小己亥朔	七月大戊辰朔	八月小戊戌朔	九月大丁卯朔	十月小丁酉朔	十一月大丙寅朔	十二月小丙申朔	
成公元年	二月初一日乙未朔	正月大乙丑朔	二月小乙未朔	三月大甲子朔	四月小甲午朔	五月大癸亥朔	六月小癸巳朔	七月大壬戌朔	八月小壬辰朔	九月大辛酉朔	十月小辛卯朔	十一月大庚申朔	十二月大庚寅朔	閏十二月小庚申朔
成二年	正月十二日庚子朔	正月大己丑朔	二月小己未朔	三月大戊子朔	四月小戊午朔	五月大丁亥朔	六月小丁巳朔	七月大丙戌朔	八月小丙辰朔	九月大乙酉朔	十月小乙卯朔	十一月大甲申朔	十二月大甲寅朔	
成三年	正月廿二日乙巳朔	正月大甲申朔	二月小甲寅朔	三月大癸未朔	四月小癸丑朔	五月大壬午朔	六月小壬子朔	七月大辛巳朔	八月小辛亥朔	九月大庚辰朔	十月小庚戌朔	十一月大己卯朔	十二月小己酉朔	

續表

魯國紀年	冬至	正月	二月	三月	四月	五月	六月	七月	八月	九月	十月	十一月	十二月	閏十二月
						月　朔								
成四年	二月初四日辛亥	正月大戊寅朔	二月小戊申朔	三月大丁丑朔	四月小丁未朔	五月大丙子朔	六月小丙午朔	七月大乙亥朔	八月小乙巳朔	九月大甲戌朔	十月大甲辰朔	十一月小甲戌朔	十二月大癸卯朔	閏十二月小癸酉朔
成五年	正月十五日丙辰	正月大壬寅朔	二月小壬申朔	三月大辛丑朔	四月小辛未朔	五月大庚子朔	六月小庚午朔	七月大己亥朔	八月小己巳朔	九月大戊戌朔	十月小戊辰朔	十一月大丁酉朔	十二月大丁卯朔	
成六年	正月廿五日辛酉	正月大丁酉朔	二月小丁卯朔	三月大丙申朔	四月小丙寅朔	五月大乙未朔	六月小乙丑朔	七月大甲午朔	八月小甲子朔	九月大癸巳朔	十月小癸亥朔	十一月大壬辰朔	十二月小壬戌朔	
成七年	二月初七日丙寅	正月小辛卯朔	二月大庚申朔	三月小庚寅朔	四月大己未朔	五月小己丑朔	六月大戊午朔	七月小戊子朔	八月大丁巳朔	九月小丁亥朔	十月大丙辰朔	十一月小丙戌朔	十二月大乙卯朔	閏十二月大乙酉朔
成八年	正月十八日壬申	正月大乙卯朔	二月小乙酉朔	三月大甲寅朔	四月小甲申朔	五月大癸丑朔	六月小癸未朔	七月大壬子朔	八月小壬午朔	九月大辛亥朔	十月小辛巳朔	十一月大庚戌朔	十二月小庚辰朔	
成九年	正月廿九日丁丑	正月大己酉朔	二月小己卯朔	三月大戊申朔	四月小戊寅朔	五月大丁未朔	六月小丁丑朔	七月大丙午朔	八月小丙子朔	九月大乙巳朔	十月小乙亥朔	十一月大甲辰朔	十二月小甲戌朔	
成十年	二月初十日壬午	正月大癸卯朔	二月小癸酉朔	三月大壬寅朔	四月小壬申朔	五月大辛丑朔	六月小辛未朔	七月大庚子朔	八月小庚午朔	九月大己亥朔	十月小己巳朔	十一月大戊戌朔	十二月大戊辰朔	閏十二月小戊戌朔
成十一年	正月廿一日丁亥	正月大丁卯朔	二月小丁酉朔	三月大丙寅朔	四月小丙申朔	五月大乙丑朔	六月小乙未朔	七月大甲子朔	八月小甲午朔	九月大癸亥朔	十月小癸巳朔	十一月大壬戌朔	十二月大壬辰朔	
成十二年	二月初三日癸巳	正月小壬戌朔	二月大辛卯朔	三月小辛酉朔	四月大庚寅朔	五月小庚申朔	六月大己丑朔	七月小己未朔	八月大戊子朔	九月小戊午朔	十月大丁亥朔	十一月大丁巳朔	十二月大丁亥朔	閏十二月小丁巳朔
成十三年	正月十三日戊戌	正月小丙戌朔	二月大丙辰朔	三月小乙酉朔	四月大乙卯朔	五月小甲申朔	六月大甲寅朔	七月小癸未朔	八月大癸丑朔	九月小壬午朔	十月大壬子朔	十一月小辛巳朔	十二月大庚戌朔	

魯國紀年	冬至	月朔													
		正月	二月	三月	四月	五月	六月	七月	閏七月	八月	九月	十月	十一月	十二月	閏十二月
成十四年	正月廿四日癸卯	正月大 庚辰朔	二月小 庚戌朔	三月大 己卯朔	四月小 己酉朔	五月大 戊寅朔	六月小 戊申朔	七月大 丁丑朔	閏七月小 丁未朔	八月大 丙子朔	九月小 丙午朔	十月大 乙亥朔	十一月小 乙巳朔	十二月大 甲戌朔	
成十五年	正月初五日戊申	正月大 甲辰朔	二月小 甲戌朔	三月大 癸卯朔	四月小 癸酉朔	五月大 壬寅朔	六月小 壬申朔	七月大 辛丑朔		八月小 辛未朔	九月大 庚子朔	十月小 庚午朔	十一月大 己亥朔	十二月小 己巳朔	
成十六年	正月十七日甲寅	正月大 戊戌朔	二月小 戊辰朔	三月大 丁酉朔	四月小 丁卯朔	五月大 丙申朔	六月小 丙寅朔	七月大 乙未朔		八月小 乙丑朔	九月大 甲午朔	十月小 甲子朔	十一月大 癸巳朔	十二月大 癸亥朔	
成十七年	正月廿七日己未	正月大 癸巳朔	二月小 癸亥朔	三月大 壬辰朔	四月小 壬戌朔	五月大 辛卯朔	六月小 辛酉朔	七月大 庚寅朔		八月小 庚申朔	九月大 己丑朔	十月小 己未朔	十一月大 戊子朔	十二月小 戊午朔	閏十二月大 丁亥朔
成十八年	正月初八日甲子	正月大 丁巳朔	二月小 丁亥朔	三月大 丙辰朔	四月小 丙戌朔	五月大 乙卯朔	六月小 乙酉朔	七月大 甲寅朔		八月小 甲申朔	九月大 癸丑朔	十月小 癸未朔	十一月大 壬子朔	十二月小 壬午朔	
襄公元年	正月十九日己巳	正月大 辛亥朔	二月小 辛巳朔	三月大 庚戌朔	四月小 庚辰朔	五月大 己酉朔	六月小 己卯朔	七月大 戊申朔		八月小 戊寅朔	九月大 丁未朔	十月小 丁丑朔	十一月大 丙午朔	十二月小 丙子朔	閏十二月大 乙巳朔
襄二年	正月初一日乙亥	正月大 乙亥朔	二月小 乙巳朔	三月大 甲戌朔	四月小 甲辰朔	五月大 癸酉朔	六月小 癸卯朔	七月大 壬申朔		八月小 壬寅朔	九月大 辛未朔	十月小 辛丑朔	十一月大 庚午朔	十二月小 庚子朔	
襄三年	正月十二日庚辰	正月大 己巳朔	二月小 己亥朔	三月大 戊辰朔	四月小 戊戌朔	五月大 丁卯朔	六月小 丁酉朔	七月大 丙寅朔		八月小 丙申朔	九月大 乙未朔	十月小 乙丑朔	十一月大 甲子朔	十二月大 甲午朔	
襄四年	正月廿二日乙酉	正月大 甲子朔	二月小 甲午朔	三月大 癸亥朔	四月小 癸巳朔	五月大 壬戌朔	六月小 壬辰朔	七月大 辛酉朔		八月小 辛卯朔	九月大 庚申朔	十月小 庚寅朔	十一月大 己未朔	十二月小 己丑朔	閏十二月大 戊午朔
襄五年	正月初四日庚寅	正月大 丁亥朔	二月小 丁巳朔	三月大 丙戌朔	四月小 丙辰朔	五月大 乙卯朔	六月小 乙酉朔	七月大 甲寅朔		八月小 甲申朔	九月大 癸未朔	十月小 癸丑朔	十一月大 壬午朔	十二月小 壬子朔	

續表

魯國紀年	冬至	正月朔	二月朔	三月朔	四月朔	五月朔	六月朔	七月朔	八月朔	九月朔	十月朔	十一月朔	十二月朔	閏月
襄六年	正月十四日乙未	正月小壬午朔	二月大辛亥朔	三月小辛巳朔	四月大庚戌朔	五月大庚辰朔	六月小庚戌朔	七月小己卯朔	八月大戊申朔	九月大戊寅朔	十月小戊申朔	十一月大丁丑朔	十二月小丁未朔	
襄七年	正月廿六日辛丑	正月大丙子朔	二月小丙午朔	三月大乙亥朔	四月小乙巳朔	五月大甲戌朔	六月大甲辰朔	七月小甲戌朔	八月小癸卯朔	九月大壬申朔	十月大壬寅朔	十一月小壬申朔	十二月小辛丑朔	
襄八年	正月初七日丙子	正月小庚午朔	二月大己亥朔	三月小己巳朔	四月大戊戌朔	五月大戊辰朔	六月小戊戌朔	七月大丁卯朔	八月小丁酉朔	九月大丙寅朔	十月大丙申朔	十一月小丙寅朔	十二月小乙未朔	
襄九年	正月十八日辛巳	正月大甲子朔	二月小甲午朔	三月大癸亥朔	四月小癸巳朔	五月大壬戌朔	六月大壬辰朔	七月小壬戌朔	八月大辛卯朔	九月小辛酉朔	十月大庚寅朔	十一月小庚申朔	十二月大己丑朔	
襄十年	正月廿八日丙戌	正月大己未朔	二月小己丑朔	三月大戊午朔	四月小戊子朔	五月大丁巳朔	六月小丁亥朔	七月大丙辰朔	八月小丙戌朔	九月大乙卯朔	十月小乙酉朔	十一月大甲寅朔	十二月小甲申朔	
襄十一年	正月初十日壬戌	正月大癸丑朔	二月小癸未朔	三月大壬子朔	四月小壬午朔	五月大辛亥朔	六月小辛巳朔	七月大庚戌朔	八月小庚辰朔	九月大己酉朔	十月小己卯朔	十一月大戊申朔	十二月小戊寅朔	
襄十二年	正月廿一日丁卯	正月大丁未朔	二月小丁丑朔	三月大丙午朔	四月小丙子朔	五月大乙巳朔	六月大乙亥朔	七月小乙巳朔	八月大甲戌朔	九月小甲辰朔	十月大癸酉朔	十一月小癸卯朔	十二月大壬申朔	閏十二月小壬寅朔
襄十三年	正月初二日壬申	正月大辛未朔	二月小辛丑朔	三月大庚午朔	四月小庚子朔	五月大己巳朔	六月小己亥朔	七月大戊辰朔	八月小戊戌朔	九月大丁卯朔	十月小丁酉朔	十一月大丙寅朔	十二月小丙申朔	
襄十四年	正月十三日丁丑	正月大乙丑朔	二月小乙未朔	三月大甲子朔	四月小甲午朔	五月大癸亥朔	六月大癸巳朔	七月小癸亥朔	八月大壬辰朔	九月小壬戌朔	十月大辛卯朔	十一月小辛酉朔	十二月大庚寅朔	
襄十五年	正月廿四日癸未	正月大庚申朔	二月小庚寅朔	三月大己未朔	四月小己丑朔	五月大戊午朔	六月小戊子朔	七月大丁巳朔	八月小丁亥朔	九月大丙辰朔	十月小丙戌朔	十一月大乙卯朔	十二月小乙酉朔	
襄十六年	二月初五日戊子	正月大甲寅朔	二月小甲申朔	三月大癸丑朔	四月小癸未朔	五月大壬子朔	六月大壬午朔	七月小壬子朔	八月大辛巳朔	九月小辛亥朔	十月大庚辰朔	十一月小庚戌朔	十二月大己卯朔	閏十二月小己酉朔

續表

魯國紀年	冬至	正月	二月	三月	四月	五月	六月	七月	八月	九月	十月	十一月	十二月	閏
襄十七年	正月十六日癸巳朔	大戊寅朔	小戊申朔	大丁丑朔	小丁未朔	大丙子朔	小丙午朔	大乙亥朔	小乙巳朔	大甲戌朔	小甲辰朔	大癸酉朔	小癸卯朔	
襄十八年	正月廿七日戊戌朔	大壬申朔	小壬寅朔	大辛未朔	小辛丑朔	大庚午朔	小庚子朔	大己巳朔	小己亥朔	大戊辰朔	小戊戌朔	大丁卯朔	大丁酉朔	閏十二月小丁卯朔
襄十九年	正月初九日甲辰朔	大丙申朔	小丙寅朔	大乙未朔	小乙丑朔	大甲午朔	小甲子朔	大癸巳朔	小癸亥朔	大壬辰朔	小壬戌朔	大辛卯朔	大辛酉朔	
襄二十年	正月十九日己酉朔	小辛卯朔	大庚申朔	小庚寅朔	大己未朔	小己丑朔	大戊午朔	小戊子朔	大丁巳朔	小丁亥朔	大丙辰朔	小丙戌朔	大乙卯朔	
襄廿一年	二月初一日甲寅朔	小乙酉朔	大甲寅朔	小甲申朔	大癸丑朔	小癸未朔	大壬子朔	小壬午朔	大辛亥朔	大庚戌朔	小庚辰朔	大己酉朔	小己卯朔	閏八月小辛巳朔
襄廿二年	正月十二日己未朔	大戊申朔	小戊寅朔	大丁未朔	小丁丑朔	大丙午朔	小丙子朔	大乙巳朔	小乙亥朔	大甲辰朔	小甲戌朔	大癸卯朔	大癸酉朔	
襄廿三年	正月廿三日乙丑朔	大癸卯朔	小癸酉朔	大壬寅朔	小壬申朔	大辛丑朔	小辛未朔	大庚子朔	小庚午朔	大己亥朔	小己巳朔	大戊戌朔	小戊辰朔	閏十二月大丁酉朔
襄廿四年	正月初四日庚午朔	小丁卯朔	大丙申朔	小丙寅朔	大乙未朔	小乙丑朔	大甲午朔	小甲子朔	大癸巳朔	小癸亥朔	大壬辰朔	小壬戌朔	大辛卯朔	
襄廿五年	正月十五日乙亥朔	大辛酉朔	小辛卯朔	大庚申朔	小庚寅朔	大己未朔	小己丑朔	大戊午朔	小戊子朔	大丁巳朔	小丁亥朔	大丙辰朔	大丙戌朔	
襄廿六年	正月廿五日庚辰朔	小丙辰朔	大乙酉朔	小乙卯朔	大甲申朔	小甲寅朔	大癸未朔	小癸丑朔	大壬午朔	小壬子朔	大辛巳朔	小辛亥朔	大庚辰朔	

續表

魯國紀年	冬至	正月	二月	三月	四月	閏四月	五月	六月	七月	八月	閏八月	九月	十月	閏十月	十一月	十二月	閏十二月
襄廿七年	二月初七日 丙戌朔	大 庚戌朔	小 庚辰朔	大 己酉朔	小 己卯朔		大 戊申朔	小 戊寅朔	大 丁未朔	小 丁丑朔		大 丙午朔	小 丙子朔		大 乙巳朔	大 乙亥朔	小 乙巳朔
襄廿八年	正月十八日 辛卯朔	大 甲戌朔	小 甲辰朔	大 癸酉朔	小 癸卯朔		大 壬申朔	小 壬寅朔	大 辛未朔	小 辛丑朔		大 庚午朔	小 庚子朔		大 己巳朔	小 己亥朔	
襄廿九年	正月廿九日 丙申朔	大 戊辰朔	大 戊戌朔	小 戊辰朔	大 丁酉朔		小 丁卯朔	大 丙申朔	大 丙寅朔	小 丙申朔	小 乙丑朔	大 甲午朔	小 甲子朔		大 癸巳朔	小 癸亥朔	
襄三十年	正月初十日 辛丑朔	大 壬辰朔	大 壬戌朔	小 壬辰朔	大 辛酉朔		小 辛卯朔	大 庚申朔	小 庚寅朔	大 己未朔		大 己丑朔	小 己未朔		大 戊子朔	小 戊午朔	
襄卅一年	正月廿一日 丁未朔	大 丁亥朔	小 丁巳朔	大 丙戌朔	小 丙辰朔		大 乙酉朔	小 乙卯朔	大 甲申朔	小 甲寅朔		大 癸未朔	小 癸丑朔		大 壬午朔	小 壬子朔	
昭公元年	二月初二日 壬子朔	大 辛巳朔	小 辛亥朔	大 庚辰朔	小 庚戌朔		大 己卯朔	小 己酉朔	大 戊寅朔	小 戊申朔		大 丁丑朔	小 丁未朔	大 丙子朔	小 丙午朔	大 乙亥朔	
昭二年	正月十三日 丁巳朔	大 乙巳朔	小 乙亥朔	大 甲辰朔	小 甲戌朔		大 癸卯朔	小 癸酉朔	大 壬寅朔	小 壬申朔		大 辛丑朔	小 辛未朔		大 庚子朔	小 庚午朔	
昭三年	正月廿四日 壬戌朔	大 己亥朔	大 己巳朔	小 己亥朔	大 戊辰朔		小 戊戌朔	大 丁卯朔	小 丁酉朔	大 丙寅朔		小 丙申朔	大 乙丑朔		小 乙未朔	大 甲子朔	
昭四年	二月初五日 丁卯朔	小 甲午朔	大 癸亥朔	小 癸巳朔	大 壬戌朔	小 壬辰朔	大 辛酉朔	小 辛卯朔	大 庚申朔	大 庚寅朔		小 庚申朔	大 己未朔		小 己丑朔	大 戊子朔	
昭五年	正月十六日 癸酉朔	大 戊午朔	小 戊子朔	大 丁巳朔	小 丁亥朔		大 丙辰朔	小 丙戌朔	大 乙卯朔	小 乙酉朔		大 甲寅朔	小 甲申朔		大 癸丑朔	小 癸未朔	

續表

魯國紀年	冬至	正月	二月	三月	四月	五月	六月	七月	閏七月	八月	閏八月	九月	十月	十一月	十二月	閏十二月
昭六年	正月廿七日戊寅朔	正月大壬子朔	二月小壬午朔	三月大辛亥朔	四月小辛巳朔	五月大庚戌朔	六月小庚辰朔	七月大己酉朔	閏七月小己卯朔	八月大戊申朔		九月小戊寅朔	十月大丁未朔	十一月小丁丑朔	十二月大丙午朔	
昭七年	正月初八日癸未朔	正月小丙子朔	二月大乙巳朔	三月小乙亥朔	四月大甲辰朔	五月小甲戌朔	六月大癸卯朔	七月大癸酉朔		八月小癸卯朔		九月大壬申朔	十月小壬寅朔	十一月大辛未朔	十二月小辛丑朔	
昭八年	正月十九日戊子朔	正月大庚午朔	二月小庚子朔	三月大己巳朔	四月小己亥朔	五月大戊辰朔	六月小戊戌朔	七月大丁卯朔		八月小丁酉朔	閏八月大丙寅朔	九月大丙申朔	十月小丙寅朔	十一月大乙未朔	十二月小乙丑朔	
昭九年	正月初一日甲午朔	正月大甲午朔	二月小甲子朔	三月大癸巳朔	四月小癸亥朔	五月大壬辰朔	六月小壬戌朔	七月大辛卯朔		八月小辛酉朔		九月大庚寅朔	十月小庚申朔	十一月大己未朔	十二月小己丑朔	
昭十年	正月十二日己亥朔	正月小戊子朔	二月大丁巳朔	三月小丁亥朔	四月大丙辰朔	五月小丙戌朔	六月大乙卯朔	七月小乙酉朔		八月大甲寅朔		九月小甲申朔	十月大癸丑朔	十一月小癸未朔	十二月大壬子朔	
昭十一年	正月廿三日甲辰朔	正月大壬午朔	二月小壬子朔	三月大辛巳朔	四月小辛亥朔	五月大庚辰朔	六月小庚戌朔	七月大己卯朔		八月小己酉朔		九月大戊寅朔	十月小戊申朔	十一月大丁丑朔	十二月大丁未朔	閏十二月小丁丑朔
昭十二年	正月初四日己酉朔	正月大丙午朔	二月小丙子朔	三月大乙巳朔	四月小乙亥朔	五月大甲辰朔	六月小甲戌朔	七月大癸卯朔		八月小癸酉朔		九月大壬寅朔	十月小壬申朔	十一月大辛丑朔	十二月小辛未朔	
昭十三年	正月十五日甲寅朔	正月大庚子朔	二月小庚午朔	三月大己亥朔	四月小己巳朔	五月大戊戌朔	六月小戊辰朔	七月大丁酉朔		八月小丁卯朔		九月大丙申朔	十月小丙寅朔	十一月大乙未朔	十二月小乙丑朔	
昭十四年	正月廿五日戊午朔	正月大甲午朔	二月小甲子朔	三月大癸巳朔	四月小癸亥朔	五月大壬辰朔	六月小壬戌朔	七月大辛卯朔		八月小辛酉朔		九月大庚寅朔	十月小庚申朔	十一月大己未朔	十二月小己丑朔	

續表

魯國紀年	冬至	正月	二月	三月	四月	五月	六月	七月	八月	九月	十月	十一月	十二月	閏月
昭十五年	二月初七日乙丑	小庚寅朔	大己未朔	小己丑朔	大戊午朔	小戊子朔	大丁巳朔	大丁亥朔	小丁巳朔	小丙辰朔	大乙酉朔	小乙卯朔	大甲申朔	閏八月大丙戌朔
昭十六年	正月十七日庚午	小甲寅朔	大癸未朔	小癸丑朔	大壬午朔	小壬子朔	大辛巳朔	小辛亥朔	大庚辰朔	小庚戌朔	大己卯朔	小己酉朔	大戊寅朔	
昭十七年	正月廿九日丙子	小戊申朔	大丁丑朔	小丁未朔	大丙子朔	小丙午朔	大乙亥朔	小乙巳朔	大甲戌朔	小甲辰朔	大癸酉朔	小癸卯朔	大壬申朔	閏十二月大壬寅朔
昭十八年	正月初十日辛巳	小壬申朔	大辛丑朔	小辛未朔	大庚子朔	小庚午朔	大己亥朔	小己巳朔	大戊戌朔	小戊辰朔	大丁酉朔	小丁卯朔	大丙申朔	
昭十九年	正月廿一日丙戌	大丙寅朔	小丙申朔	大乙丑朔	小乙未朔	大甲子朔	小甲午朔	大癸亥朔	小癸巳朔	大壬戌朔	小壬辰朔	大辛酉朔	小辛卯朔	
昭二十年	二月初二日辛卯	大庚申朔	大庚寅朔	小庚申朔	大己丑朔	小己未朔	大戊子朔	小戊午朔	大丁亥朔	大丙戌朔	小丙辰朔	大乙酉朔	大乙卯朔	閏八月小丁巳朔
昭廿一年	正月十三日丁酉	大乙酉朔	小乙卯朔	大甲申朔	小甲寅朔	大癸未朔	小癸丑朔	大壬午朔	小壬子朔	大辛巳朔	小辛亥朔	大庚辰朔	小庚戌朔	
昭廿二年	正月廿四日壬寅	大己卯朔	小己酉朔	大戊寅朔	小戊申朔	大丁丑朔	小丁未朔	大丙子朔	小丙午朔	大乙亥朔	小乙巳朔	大甲戌朔	大癸酉朔	閏十一月小甲辰朔
昭廿三年	正月初五日丁未	大癸卯朔	小癸酉朔	大壬寅朔	小壬申朔	大辛丑朔	小辛未朔	大庚子朔	小庚午朔	大己亥朔	小己巳朔	大戊戌朔	小戊辰朔	

續表

魯國紀年	冬至	月　朔												
		正月	二月	三月	四月	五月	閏五月	六月	七月	八月	九月	十月	十一月	十二月／閏十二月
昭廿四年	正月十六日壬子	正月大丁酉朔	二月小丁卯朔	三月大丙申朔	四月小丙寅朔	五月大乙未朔		六月大乙丑朔	七月小乙未朔	八月大甲子朔	九月小甲午朔	十月大癸亥朔	十一月小癸巳朔	十二月大壬戌朔
昭廿五年	正月廿七日戊午	正月小壬辰朔	二月大辛酉朔	三月小辛卯朔	四月大庚申朔	五月小庚寅朔		六月大己未朔	七月大己丑朔	八月小己未朔	九月大戊子朔	十月小戊午朔	十一月大丁亥朔	十二月小丁巳朔　閏十二月大丙戌朔
昭廿六年	正月初八日癸亥	正月小丙辰朔	二月大乙酉朔	三月大乙卯朔	四月小乙酉朔	五月大甲寅朔		六月小甲申朔	七月大癸丑朔	八月大癸未朔	九月小癸丑朔	十月大壬午朔	十一月小壬子朔	十二月小辛巳朔
昭廿七年	正月十九日戊辰	正月大庚戌朔	二月小庚辰朔	三月大己酉朔	四月大己卯朔	五月小己酉朔		六月大戊寅朔	七月小戊申朔	八月大丁丑朔	九月小丁未朔	十月大丙子朔	十一月小丙午朔	十二月小乙亥朔
昭廿八年	二月初一日癸酉朔	正月小甲辰朔	二月大癸酉朔	三月小癸卯朔	四月大壬申朔	五月大壬寅朔	閏五月小壬申朔	六月大辛丑朔	七月小辛未朔	八月大庚子朔	九月小庚午朔	十月大己亥朔	十一月小己巳朔	十二月大戊戌朔
昭廿九年	正月十二日己卯	正月大戊辰朔	二月小戊戌朔	三月大丁卯朔	四月小丁酉朔	五月大丙寅朔		六月大丙申朔	七月小丙寅朔	八月大乙未朔	九月小乙丑朔	十月大甲午朔	十一月小甲子朔	十二月小癸巳朔
昭三十年	正月廿三日甲申	正月大壬戌朔	二月小壬辰朔	三月大辛酉朔	四月小辛卯朔	五月大庚申朔	閏五月小庚寅朔	六月大己未朔	七月小己丑朔	八月大戊午朔	九月小戊子朔	十月大丁巳朔	十一月小丁亥朔	十二月大丙辰朔
昭卅一年	正月初四日己丑	正月大丙戌朔	二月小丙辰朔	三月大乙酉朔	四月小乙卯朔	五月大甲申朔		六月小甲寅朔	七月大癸未朔	八月小癸丑朔	九月大壬午朔	十月小壬子朔	十一月大辛巳朔	十二月大辛亥朔
昭卅二年	正月十四日甲午	正月大辛巳朔	二月小辛亥朔	三月大庚辰朔	四月小庚戌朔	五月大己卯朔		六月小己酉朔	七月大戊寅朔	八月小戊申朔	九月大丁丑朔	十月小丁未朔	十一月大丙子朔	十二月小丙午朔
定公元年	正月廿六日庚子	正月大乙亥朔	二月小乙巳朔	三月大甲戌朔	四月小甲辰朔	五月大癸酉朔		六月小癸卯朔	七月大壬申朔	八月小壬寅朔	九月大辛未朔	十月小辛丑朔	十一月大庚午朔	十二月小庚子朔

續表

魯國紀年	冬至	月　朔												
定二年	二月初七日 乙巳朔	正月大 己巳朔	二月小 己亥朔	三月大 戊辰朔	四月大 戊戌朔	五月小 戊辰朔	閏五月大 丁酉朔	六月小 丁卯朔	七月大 丙申朔	八月大 丙寅朔	九月小 乙未朔	十月大 乙丑朔	十一月大 甲午朔	十二月大 甲子朔
定三年	正月十七日 庚戌朔	正月大 甲午朔	二月大 甲子朔	三月小 甲午朔	四月大 癸巳朔	五月大 壬戌朔	六月小 壬辰朔	七月大 辛酉朔	八月大 辛卯朔	九月小 辛酉朔	十月大 庚寅朔	十一月大 庚申朔	十二月大 戊戌朔	
定四年	正月廿八日 乙卯朔	正月小 戊子朔	二月大 丁巳朔	三月小 丁亥朔	四月小 丁巳朔	五月大 丙戌朔	六月大 丙辰朔	七月小 乙卯朔	八月大 甲申朔	九月大 甲寅朔	閏十月小 甲申朔	十月大 癸丑朔	十一月小 癸未朔	十二月大 壬午朔
定五年	正月初九日 庚申朔	正月小 壬子朔	二月小 辛巳朔	三月大 庚戌朔	四月小 庚辰朔	五月大 己酉朔	六月小 己卯朔	七月小 己酉朔	八月小 戊申朔	九月大 戊寅朔	十月大 丁未朔	十一月小 丁丑朔	十二月小 丁丑朔	
定六年	正月廿一日 丙寅朔	正月大 丙午朔	二月大 丙子朔	三月大 乙巳朔	四月小 乙亥朔	五月大 甲辰朔	六月大 甲戌朔	七月大 癸卯朔	八月小 癸酉朔	九月大 壬寅朔	十月大 壬申朔	十一月大 辛丑朔	十二月大 辛未朔	
定七年	二月初二日 辛巳朔	正月小 辛丑朔	二月小 庚午朔	三月大 己亥朔	四月大 己巳朔	五月小 己亥朔	六月大 戊戌朔	七月小 戊辰朔	八月大 丁酉朔	九月大 丁卯朔	十月小 丙申朔	十一月大 乙丑朔	十二月大 乙丑朔	閏十二月小 乙未朔
定八年	正月十三日 丙子朔	正月大 甲午朔	二月大 甲子朔	三月大 甲午朔	四月大 癸亥朔	五月小 癸巳朔	六月小 壬辰朔	七月大 壬戌朔	八月小 辛卯朔	九月大 庚申朔	十月大 庚寅朔	十一月大 庚申朔	十二月大 己丑朔	
定九年	正月廿三日 辛巳朔	正月小 己未朔	二月大 戊子朔	三月大 戊午朔	四月大 戊子朔	五月小 戊午朔	六月小 丁亥朔	閏六月大 庚戌朔	七月小 丙辰朔	八月大 辛卯朔	九月小 乙卯朔	十月大 甲寅朔	十一月小 庚申朔	十二月大 辛未朔
定十年	二月初五日 丁亥朔	正月大 癸丑朔	二月大 壬午朔	三月小 壬子朔	四月大 辛巳朔	五月小 辛亥朔	六月大 庚辰朔	七月小 庚辰朔	八月小 庚戌朔	九月小 己酉朔	十月小 己卯朔	十一月大 戊申朔	十二月大 戊寅朔	
定十一年	正月十六日 壬辰朔	正月大 丁未朔	二月大 丙子朔	三月小 丙午朔	四月小 乙亥朔	五月小 乙巳朔	六月大 乙亥朔	七月小 甲辰朔	八月大 癸酉朔	九月小 癸卯朔	十月大 壬申朔	十一月大 壬寅朔	十二月小 壬寅朔	

續表

魯國紀年	冬至	正月	二月	三月	四月	五月	六月	七月	八月	九月	十月	十一月	十二月	閏十二月
定十二年	正月廿七日丁酉朔	正月大辛未朔	二月小辛丑朔	三月大庚午朔	四月小庚子朔	五月大己巳朔	六月小己亥朔	七月大戊辰朔	八月小戊戌朔	九月大丁卯朔	十月小丁酉朔	十一月大丙寅朔	十二月小丙申朔	閏十二月大乙丑朔
定十三年	正月初八日壬寅朔	正月小乙未朔	二月大甲子朔	三月小甲午朔	四月大癸亥朔	五月大癸巳朔	六月小癸亥朔	七月大壬辰朔	八月小壬戌朔	九月大辛卯朔	十月小辛酉朔	十一月大庚寅朔	十二月大庚申朔	
定十四年	正月十九日戊申朔	正月小庚寅朔	二月大己未朔	三月小己丑朔	四月大戊午朔	五月小戊子朔	六月大丁巳朔	七月小丁亥朔	八月大丙辰朔	九月小丙戌朔	十月大乙卯朔	十一月小乙酉朔	十二月大甲寅朔	閏十二月小甲申朔
定十五年	正月初一日癸丑朔	正月大癸丑朔	二月小癸未朔	三月大壬子朔	四月小壬午朔	五月大辛亥朔	六月小辛巳朔	七月大庚戌朔	八月小庚辰朔	九月大己酉朔	十月小己卯朔	十一月大戊申朔	十二月小戊寅朔	
哀公元年	正月十二日戊午朔	正月大丁未朔	二月小丁丑朔	三月大丙午朔	四月小丙子朔	五月大乙巳朔	六月小乙亥朔	七月大甲辰朔	八月小甲戌朔	九月大癸卯朔	十月小癸酉朔	十一月大壬寅朔	十二月小壬申朔	
哀二年	正月廿三日癸亥朔	正月大辛丑朔	二月小辛未朔	三月大庚子朔	四月小庚午朔	五月大己亥朔	六月小己巳朔	七月大戊戌朔	八月小戊辰朔	九月大丁酉朔	十月小丁卯朔	十一月大丙申朔	十二月小丙寅朔	閏十二月大乙未朔
哀三年	正月初四日戊辰朔	正月小乙丑朔	二月大甲午朔	三月小甲子朔	四月大癸巳朔	五月大癸亥朔	六月小癸巳朔	七月大壬戌朔	八月小壬辰朔	九月大辛酉朔	十月小辛卯朔	十一月大庚申朔	十二月大庚寅朔	
哀四年	正月十五日甲戌朔	正月大庚申朔	二月小庚寅朔	三月大己未朔	四月小己丑朔	五月大戊午朔	六月小戊子朔	七月大丁巳朔	八月小丁亥朔	九月大丙辰朔	十月小丙戌朔	十一月大乙卯朔	十二月小乙酉朔	
哀五年	正月廿六日己卯朔	正月大甲寅朔	二月小甲申朔	三月大癸丑朔	四月小癸未朔	五月大壬子朔	六月小壬午朔	七月大辛亥朔	八月小辛巳朔	九月大庚戌朔	十月小庚辰朔	十一月大己酉朔	十二月小己卯朔	閏十二月大戊申朔
哀六年	正月初七日甲申朔	正月大戊寅朔	二月小戊申朔	三月大丁丑朔	四月小丁未朔	五月大丙子朔	六月大丙午朔	七月小丙子朔	八月大乙巳朔	九月小乙亥朔	十月大甲辰朔	十一月小甲戌朔	十二月大癸卯朔	
哀七年	正月十八日庚寅朔	正月大癸酉朔	二月小癸卯朔	三月大壬申朔	四月小壬寅朔	五月大辛未朔	六月小辛丑朔	七月大庚午朔	八月小庚子朔	九月大己巳朔	十月小己亥朔	十一月大戊辰朔	十二月小戊戌朔	閏十二月小丁卯朔

續表

魯國紀年	冬至	正月	二月	三月	四月	五月	六月	七月	八月	九月	十月	十一月	十二月	閏月
哀八年	上年閏十二月廿九日乙未朔	小丁酉朔	大丙寅朔	小丙申朔	大乙丑朔	小乙未朔	大甲子朔	小甲午朔	大癸亥朔	小癸巳朔	大壬戌朔	小壬辰朔	大辛酉朔	
哀九年	正月初十日庚子朔	大辛卯朔	小辛酉朔	大庚寅朔	小庚申朔	大己丑朔	小己未朔	大戊子朔	小戊午朔	大丁亥朔	小丁巳朔	大丙戌朔	大丙辰朔	
哀十年	正月二十日乙巳朔	大丙戌朔	小丙辰朔	大乙酉朔	小乙卯朔	大甲申朔	大癸未朔	小癸丑朔	大壬午朔	小壬子朔	大辛巳朔	小辛亥朔	大庚辰朔	閏五月小甲寅朔
哀十一年	正月初二日辛亥朔	小庚戌朔	大己卯朔	小己酉朔	大戊寅朔	小戊申朔	大丁丑朔	小丁未朔	大丙子朔	小丙午朔	大乙亥朔	小乙巳朔	大甲戌朔	
哀十二年	正月十三日丙辰朔	大甲辰朔	小甲戌朔	大癸卯朔	小癸酉朔	大壬寅朔	小壬申朔	大辛丑朔	小辛未朔	大庚子朔	小庚午朔	大己亥朔	小己巳朔	
哀十三年	正月廿四日辛酉朔	大戊戌朔	小戊辰朔	大丁酉朔	小丁卯朔	大丙申朔	小丙寅朔	大乙未朔	小乙丑朔	大甲午朔	小甲子朔	大癸巳朔	小癸亥朔	閏十二月大壬辰朔
哀十四年	正月初五日丙寅朔	大壬戌朔	小壬辰朔	大辛酉朔	小辛卯朔	大庚申朔	小庚寅朔	大己未朔	小己丑朔	大戊午朔	小戊子朔	大丁巳朔	大丁亥朔	
哀十五年	正月十六日甲申朔	小丁巳朔	大丙戌朔	小丙辰朔	大乙酉朔	小乙卯朔	大甲申朔	小甲寅朔	大癸未朔	小癸丑朔	大壬午朔	小壬子朔	大辛巳朔	
哀十六年	正月廿七日丁丑朔	大辛亥朔	小辛巳朔	大庚戌朔	小庚辰朔	大己酉朔	小己卯朔	大戊申朔	小戊寅朔	大丁未朔	小丁丑朔	大丙午朔	小丙子朔	閏十二月大乙巳朔
哀十七年	正月初八日壬午朔	小乙亥朔	大甲辰朔	小甲戌朔	大癸卯朔	小癸酉朔	大壬寅朔	小壬申朔	大辛丑朔	小辛未朔	大庚子朔	小庚午朔	大己亥朔	

跋

古人窮經致用，務求其通。至如《春秋》一書，日月甲子非大義之所在，聖人於此本不留意，闕者疑之，甲戌、己丑，史官既已兩存，不必爲之更正，此最通論也。後儒必欲爲之推步，以衷一是，於是聚訟紛紜，各持一說，而《春秋》幾於不可讀矣。

善讀《春秋》者，欲考訂於日月，其事有四：一曰朔日，二曰至日，三曰置閏，四曰日食。朔閏可移，而日至、日食不能移。定閏必推中氣，斟酌置閏以合干支，尤當斟酌置閏以合食限。於是，用平朔不用定朔，用恒氣不用定氣，用食限不用均數，此後世疇人家據曆法以上推之說也。

其論春秋朔閏日食者，如漢、晉、六朝、唐、宋、元以前無論已，近則若陳泗源、顧震滄、江慎修、陳懋齡、范景福、姚秋農、徐圃臣、施彥士、宋慶雲諸家皆有專書，得失互見。襄公年間，一歲兩日食，史官明載於策書。比月頻食必無之理，先儒求其義而不得，後世說者多爲懸擬之詞，獨閻百詩謂：必係某公某年有日食，脫簡誤置於此。其說是也。猶宣公十七年六月癸卯朔日食，爲七年錯簡之誤，同一理也。杜氏於襄二十七年頓置兩閏，此亦理之所必無。陳氏泗源號爲曆算名家，而於此亦無異詞，殊不可解。姚文僖公則從而尤甚焉，創爲三年連閏、一年三閏之說，春秋置閏雖多舛謬，斷不至如是之甚。羅氏士琳譏其誤據《漢志》太初元年丙子，遂以隱公元年當爲戊午，開卷便錯，其他可知。竊謂其所著《春秋經傳朔閏表》，雖不作可也。

要之，《春秋》雖屬聖經，而史官當時紀載日名豈無失真，後世即欲據曆以上推，而歲實消長，必有所差，豈能密合。漢末去古未遠，宋仲子以七曆考《春秋》已有合有不合，矧在二千年以後哉！故余之所推，仍當質諸世之精通曆法者，不敢以之自信也。

光緒己丑古重陽日，淞北逸民王韜自識於淞隱廬。

附　録

己未《中西通書》序^①

嗚呼！中西曆法，致不同矣，溯其源，未嘗不同。泰西文史之邦，夙稱猶太，開闢至今，五千八百餘年，載籍哀然具在，所用曆與今曆異，而暗與古曆合。古時猶太人定年月，以太陰爲準，然不用曆法，惟憑目驗，常居山候月，以初見月爲月第一日，其法與中國夏商初不甚相遠。特彼有故老流傳，古書記載可證，而中國史策毀於秦火，幾無完書。

古史可信者莫如《尚書》，其紀日或曰旁死魄，或曰哉生魄，或曰既望，或曰朏，蓋亦從目所見，而罕用朔者，以目不能見也。如《大禹謨》之正月朔日，《允征》之季秋月朔，皆係僞書，乃東晉梅賾所撰，王伯厚、閻百詩、王鳳喈諸家辨之詳矣。他若班固《漢書》所引《伊訓》十有二月乙丑朔，或係固所增，未可爲據。其有日食者，則繫以朔，日食可見也。如幽王六年冬十月朔日食，《詩》云"十月之交，朔日辛卯"是也。猶太古曆分日爲朝、午、暮三時，與《史記》及《漢書》所記旦日中晡時相合，

————————
①　收録於《中西通書》，墨海書館 1859 年刻本。

與《春秋》卜楚秋邱云"日之數十,故有十時"杜注十二時之説相合。分夜爲三更,與《詩》之"夜未央"一章相合。大抵三代以上,晝多辨晷以測時,夜每望星而驗候,如《書》云"日中昃",《傳》云"日旰",《詩》之"三星在隅",《傳》之"降婁中而旦"是也。後世曆法漸密,於是在朔言朔,在晦言晦。漢魏以來,漸以十二支紀時,始見於《南齊書·天文志》。夜則自甲至戊爲五。《顏氏家訓》言"斗柄所指,凡歷五辰,故曰五更",是也。猶太三年一置閏,所置閏月,有一定之時,恒在亞筆月後(當中國四月時),與《傳》所云"先王正時,歸餘於終",漢以前置閏恒在歲終者,其法簡易相同。

　　由是觀之,中外曆算,古時皆未造其精,至今中法没不如西法之密,何哉? 蓋用心不專,學之者又罕,且多墨守成法,未能推陳出新耳。今西士行海東來,與海內疇人家講明新法,譯述各書,明古今曆算源流,遞有沿革。艾迪謹先生所著《中西曆》自壬子迄戊午,歷七年,今暫返英國,繼其事者,偉烈亞力先生也。見余所説有足與猶太古曆相發明者,將刊《己未曆》,即命是説爲序。

南武孅今氏王瀚

庚申《中西通書》序[①]

　　西國之精天算者衆矣,其始亦皆各持一見,紛無定論,逮

---

　　① 收録於《耶穌降世一千八百六十年中西通書》,墨海書館 1860 年刻本。

後歌白尼創言以太陽爲心，地與五星環之而行，其道爲橢圓。此論一出，經二百餘年，莫之或改，而我中國尚有墨守舊説者。夫地球動而太陽靜，其説要不可易，如人在舟中，但見岸動而不見舟行同一理也。

阮氏《疇人傳》所載西洋曆家，僅得千百之一，且語焉不詳，略大識小，觀者有未臻賅備之憾，而其論中，以不能堅守前説，動靜倒置爲譏。不知法積久而益密，曆以改而始精，即我中國於曆數之術亦遞增而屢變。漢《太初》《三統》以來，立法尚疏，隋唐而降，日益求精，《麟德》《大衍》，漸能詳密。至元郭守敬造授時曆，鑿然大備，可云登峰造極矣。有明於曆最疏舛，繼參用回回曆，逮乎末造，延西士改修《崇禎曆》，將行未果。可見舊法已不足循，不得不借重西法也，則亦何常執一以求哉？

顧或者謂法無新舊，但求密合天行斯可已。前以太陽爲動，而準此測算，寒暑迭運，星行遲速，初未嘗大謬，可知言平圓橢圓者，不過假像以明理。合一法以推之，則言人人同；各易一法以推之，則千萬人之言皆不同。且舊法無弊，而新法至久必廢。以愈新奇，必又有駕乎其上者矣。此乃未明推驗實理之故耳。今準橢圓之綫以推，其得數比較密於古。奈端曾求其故，知天空諸體，其道不能不行橢圓，乃由萬物攝力自然之理，非徒假像與數明之也。或者又曰：西人測天之學固精，然安知非先有於中國而後流傳至彼耶？我中國自虞廷分職，命羲和欽若昊天，當時已能測日月周天之度，以奇零置閏，而西國尚未有曆也。即如借根方之爲東來法，亦可證已。嗚呼！

此何異攘人之美，據爲己有也。西國曆法雖始於周末，而遞加更改，歷代以還，豈無可考？其轉精於中國者，由用心密而測器審也。其所云"東來法"者，乃歐洲之東，天方國耳，非指中國言之。

或又曰：西曆固無可議，其製造機捩器物，事半功倍，誠爲精密不苟，然形而下者謂之器，形而上者謂之道，西人亦只工其下焉者已耳。至其言教之書，迂誕支離，顯悖名教。天堂地獄之説，徒拾佛氏之唾餘；愛人如己之論，亦竊墨子之近似。言其平淡不及儒之純，言其幽奧不及佛之奇，固無一而可。不知事天之學，無有如耶穌教士之勤者。悔罪信主，即獲罪於天；所禱惟一，上帝之意也；日暮顧告，兢兢於身後之禍福，即朝聞夕死之旨也；每食必禱，即報本返始之心也。歷來書史之古，無如《猶太》。其論天堂地獄，特深切著明，佛氏習聞其説，因以襲之耳。愛人則必先愛上帝，是墨氏所未逮者。至於耶穌贖罪之説，舍此別無救主。蓋天下人間，更無錫他名，可以得救者也。謂昧於道，竊未敢信也。

余友偉烈先生，造庚申曆既竟，囑序於余，其推算節候，間有與中曆晷刻稍差者，蓋亦新舊之法不同，遂至不合也。

　　　　　　新陽王瀚蘭卿甫序於墨海